科普知识大百科·生活百科卷

交通出行

本书编委会 编

附录：点评者简介

杨逸明（1948—）祖籍江苏省无锡市，生于上海。中国作家协会会员。

钟振振（1950—）江苏省南京市人。南京师范大学教授。

星　汉（1947—）山东省东阿县人。新疆师范大学文学院教授。

蔡厚示（1928—2019）江西省南昌人。福建社会科学院文学研究所研究员。

孔汝煌（1938—）浙江省绍兴市人。浙江经济职业技术学院教授。

梁　东（1932—）安徽省安庆市人。原中国煤炭部文联主席。

赵京战（1947—）河北安平县人。空军大校。

段　维（1964—）湖北英山人，任职于华中师范大学供。

卢象贤（1963—）江西修水人。高级工程师。

张金英　女，笔名英子，海南人。

刘继鹏　上海市人，中学语文教师。

李建新　笔名新雨，女，祖籍山东省，生于上海。

陈衍亮（1974—）山东省济南市人。企业管理者。

刘鲁宁（1971—）祖籍山东省，居上海。法官。

《科普知识大百科·生活百科卷》编审委员会

主　　任：刘　峰
副 主 任：郭庆杰　侯志英　张学周　郭　浩
委　　员：李　峰　张连厂　张　征　谷同宇
　　　　　孔志英　吉振乾　夏祥智　高　峰
　　　　　林加峰　吴献忠　张艳玲　许庆洪
　　　　　韩贝娟　边延龙
统　　筹：梁朋举

本书编委会

主　　编：赵培国
副 主 编：孔志英　孙庆峰
编　　委：梁朋举　胡晓燕　李红英

序

科学普及和科技创新,犹如"车之两轮,鸟之双翼",两者相互促进,相互影响,缺一不可。习近平总书记强调,科学普及的重要性不亚于科技创新,要把抓科普工作与抓科技创新放在同等重要的位置。据中国科协组织的公民科学素质调查显示,我国具备基本科学素质公民的比例从2005年的1.60%提高到了2010年的3.27%。2013年12省市抽样调查结果显示,我国公民的科学素质整体水平达到了4.48%,2015年全国水平将超过5%。"十三五"全民科学素质工作的主要目标就是实现2020年我国公民具备基本科学素质的比例达到10%,为实施创新驱动发展战略、全面建成小康社会提供有力支撑,要实现这一目标,科普工作依然任重道远。

科协是科普工作的主要社会力量,在公民科学素质建设中发挥着牵头引领作用。多年以来,濮阳市科协积极履行科普职责,丰富科普内容,创新科普手段,广泛开展群众性、社会性、经常性科普活动,打造了基层科普行动计划、龙都科普大讲堂、8800110科技服务热线等品牌科普活动,树立了科协组织鲜明的社会形象。《科普知识大百科——生活百科卷》

是濮阳市科协拓展和深化科普工作的一项最新成果,将在科学与公众之间搭起一座桥梁,让科技知识与广大公众的生活更加密切地结合起来。

《科普知识大百科——生活百科卷》包括生活休闲、居家常识、交通出行、应急避险、健康饮食、育儿百科等6个分册,分层次详细介绍了各领域常见问题,提出了有针对性的应对办法。该丛书非常注重受众需求,采用了方便携带的口袋书形式,内容注重与公众关注的热点结合,语言幽默风趣、通俗易懂,融知识性、趣味性和可读性为一体,为公众科学健康生活提供了有益的参考。

值此《科普知识大百科——生活百科卷》面试之际,谨向濮阳市科协表示祝贺!相信该书的出版发行,将为濮阳市科协科普工作谱写新的篇章,为提供公民科学素质注入新的动力。希望濮阳市科协一如既往,再接再厉,为推动新时期河南科普工作创新发展作出更大贡献!

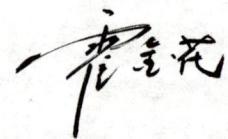

2015年8月

目 录

第一章 道路驾驶

1. 车辆上路行驶应该具备哪些证件？……………………（ 1 ）
2. 交叉路口车辆如何通行？………………………………（ 3 ）
3. 如何正确变更车道？……………………………………（ 5 ）
4. 会车时如何应对？………………………………………（ 6 ）
5. 铁路道口车辆如何通行？………………………………（ 7 ）
6. 夜间行驶车辆有哪些注意事项？………………………（ 8 ）
7. 如何在路边停放车辆？…………………………………（ 9 ）
8. 如何正确地超车？………………………………………（11）
9. 城市道路行车有哪些禁忌？……………………………（12）
10. 弯曲山路如何驾驶车辆？………………………………（13）
11. 高速公路上驾驶车辆有哪些注意事项？………………（14）
12. 车辆行驶过程中应该主动避让哪几种车辆？…………（15）
13. 遇到行人或者儿童车辆应该如何行驶？………………（16）
14. 涉水路段应如何驾驶车辆？……………………………（17）
15. 夜晚如何正确驾驶车辆？………………………………（18）

16. 汽车在高速公路抛锚该如何处理？ ……………（19）
17. 汽车牌照丢失或者损毁后该如何处理？ ………（20）
18. 汽车玻璃水有哪些用途？ ………………………（22）
19. 怎样开车才能够减少轮胎的磨损？ ……………（23）
20. 在集市或农贸市场等人口流动性比较大的地方车辆该如何行驶？ ………………………………（24）

第二章　安全出行

21. 出境旅游应该注意哪些问题？ …………………（26）
22. 跟团旅游需要注意哪些问题？ …………………（28）
23. 如何正确使用打车软件？ ………………………（29）
24. 外出旅行怎么选择最佳出行工具？ ……………（31）
25. 出门旅游需要携带的物品有哪些？ ……………（33）
26. 骑自行车时如何防止被抢包？ …………………（35）
27. 公交车防扒攻略有哪些？ ………………………（36）
28. 冬季旅游有哪些好处？ …………………………（37）
29. 夜间如何安全行车？ ……………………………（38）
30. 冬季开车如何养成良好的习惯？ ………………（39）
31. 夏季出游饮食需要注意什么问题？ ……………（42）
32. 为什么飞机是最安全的出行工具？ ……………（44）
33. 选择交通工具应考虑哪些因素？ ………………（45）
34. 自驾出游如何把交通事故的风险降到最低？ …（46）
35. 步行的时候被跟踪该如何处理？ ………………（48）

36. 独自驾车出行时如何防止被跟踪？ ……………………（48）
37. 自驾车辆有翻车危险时该如何应对？ …………………（49）
38. 夏季女性乘坐公交车如何防色狼？ ……………………（50）
39. 如何穿戴救生衣？ ………………………………………（52）
40. 紧急情况下如何使用车内安全锤？ ……………………（53）

第三章　交通事故

41. 交通事故处理流程是怎样的？ …………………………（55）
42. 交通事故赔偿调解的注意事项有哪些？ ………………（56）
43. 机动车与非机动车出现纠纷应如何解决？ ……………（57）
44. 机动车与行人发生交通事故，在处理过程中应该注意哪些问题？ ……………………………………………（58）
45. 交通事故处理需要注意哪些问题？ ……………………（60）
46. 交通事故中的责任划分的标准是什么？ ………………（60）
47. 交通事故责任认定书一般多长时间能够出来？ ………（61）
48. 车辆被刮擦应如何处理？ ………………………………（62）
49. 车辆被盗怎么办？ ………………………………………（64）
50. 为什么交通事故中机动车要多承担责任？ ……………（65）
51. 哪几种情况下会被吊销机动车驾驶证？ ………………（66）
52. 保险费的缴纳数额与交通事故的危害程度有关吗？ ……………………………………………………………（67）
53. 交通肇事后逃逸该如何处置？ …………………………（69）

第四章　交通事故处置

54. 出险后如何联系保险公司？……………………（71）
55. 挂靠车辆发生碰撞后,挂靠单位是否承担责任？
　………………………………………………（73）
56. 死亡赔偿金的数额及其计算方式是什么？………（74）
57. 车祸事故后的黄金1小时可进行哪些应急处理？
　………………………………………………（75）
58. 交通事故发生后如何做好现场保护？……（76）
59. 发生交通事故该如何处理？………………（78）
60. 实施交强险对车主有什么好处？……………（79）
61. 哪些交通事故可以进行快速处理？………（81）
62. 交通事故快速处理的流程是什么？………（81）
63. 机动车相撞责任该如何划分？……………（83）
64. 酒驾导致的交通事故该如何应对？………（84）
65. 您怎么看待交通事故中的无过错责任？……（85）

第五章　紧急救治常识

66. 蜜蜂蛰人后该如何处理？…………………（87）
67. 酒精中毒该如何救治？……………………（88）
68. 如何有效地处理烫伤？……………………（89）
69. 人工呼吸的基本技巧有哪些？……………（90）
70. 户外出行发生骨折怎么办？………………（91）

71. 户外出行如何防止被蛇咬？……………………（92）

72. 户外出行被蛇咬怎么办？………………………（93）

73. 出行过程中扭到脚应如何处理？………………（94）

74. 如何应对出行过程中出现擦伤流血事件？……（95）

75. 雷雨天如何防止被雷击？………………………（95）

76. 夏天意外中暑该怎么办？………………………（97）

77. 防止晕车的小技巧有哪些？……………………（98）

78. 游泳过程中发生溺水该如何救治？……………（99）

79. 鱼刺卡到喉咙里怎么办？………………………（100）

第六章　紧急避险

80. 火灾逃生的基本方法有哪些？…………………（102）

81. 车辆落水怎么办？………………………………（103）

82. 公共汽车行驶过程中突然着火怎么办？………（104）

83. 汽车轮胎爆胎怎么办？…………………………（105）

84. 烧伤的应急处理常识有哪些？…………………（107）

85. 被电梯困住应如何自救？………………………（108）

86. 电梯突然停止运行该怎么办？…………………（109）

87. 游泳时突然抽筋该怎么办？……………………（110）

88. 意外触电如何急救？……………………………（111）

89. 家中电器着火如何扑灭？………………………（112）

90. 家中煤气泄漏中毒怎么办？……………………（114）

91. 遇到地震如何逃生？……………………………（115）

92. 汽车刹车突然失灵该怎么办？ …………………… (116)
93. 航空事故的逃生法则有哪些？ …………………… (117)
94. 飞机失事坠落时该如何应对？ …………………… (119)
95. 外出旅行遇到台风天气该如何应对？ …………… (120)
96. 异物入耳如何进行救治？ ………………………… (122)
97. 如何预防拦路抢劫？ ……………………………… (123)
98. 如何应对入室抢劫事件？ ………………………… (123)
99. 如何应对旅行途中的突发性肠胃炎？ …………… (125)
100. 春秋季如何避免花粉过敏？ ……………………… (126)

第七章　特殊情况下的驾驶出行

101. 冰雪路面如何驾驶车辆？ ………………………… (127)
102. 大雾天气视线不好如何驾驶车辆？ ……………… (128)
103. 泥泞道路车辆如何行驶？ ………………………… (129)
104. 雷电天气出行应注意哪些问题？ ………………… (131)
105. 酷热天气行车应该注意哪些问题？ ……………… (132)
106. 春季驾车出行容易发困怎么办？ ………………… (133)
107. 夏季中暑该怎么办？ ……………………………… (135)
108. 冬季出行中感冒该如何应对？ …………………… (136)
109. 冬季车厢内开空调应该注意哪些安全问题？ … (137)
110. 行驶途中发动机不能启动时有哪些应急措施？
　　 ……………………………………………………… (138)
111. 野外旅游迷路应如何自救？ ……………………… (139)

112. 野外遇险被困怎么办? ……………………………（141）
113. 徒步旅行中遇到滑坡泥石流该怎么办? ………（143）
114. 公安交警是如何处理交通事故现场的? ………（144）
115. 如何给车辆购买保险? …………………………（145）
116. 汽车引擎起火怎么办? …………………………（146）
117. 冬天怎么给发动机预热? ………………………（147）
118. 当事人对罚款应如何缴纳? ……………………（148）
119. 机动车在哪几种情况下不得掉头或者倒车? …（149）

第八章 交通出行一点通

120. 网络订票的步骤是什么? ………………………（151）
121. 如何科学地更换车次? …………………………（152）
122. 退票需要掌握哪些小技巧或者小知识? ………（154）
123. 乘坐飞机时哪些物品是不能够携带的? ………（155）
124. 出行过程中钱包被盗后该怎么办? ……………（156）
125. 身份证丢了怎么办? ……………………………（157）
126. 手机丢了,如何降低泄密风险? ………………（158）
127. 如何订购特价车票? ……………………………（160）
128. 怎样旅游更省钱? ………………………………（161）
129. 交通伤亡事故损害赔偿包含哪些项目? ………（163）
130. 旅游出行需要购买出行意外险吗? ……………（164）

第一章　道路驾驶

 车辆上路行驶应该具备哪些证件？

新购车辆上路行驶，必须要携带好机动车购置税完税证明、机动车辆行驶证明、强制险缴纳和年检贴。此外，司机驾驶机动车上路行驶，还必须要携带好驾驶证。任何无证驾驶的行为，不论是缺少上述的哪一个证件，都将会受到道路交通管理条例的处罚。下面将对机动车辆行驶证、购置税完税证明和年检贴进行一下简单的介绍。

（1）行驶证是准予机动车在道路上行驶的法定证件。《机动车行驶证》是得到我国法律、法规认可的重要证件，具有非常重要的作用。因此，机动车驾驶员必须引起重视，及时办理机动车行驶证，以保障自

己的合法权益不受损害。当然,这也是驾驶员必须履行的义务,如果没有驾驶证便驾驶车辆在道路上行驶,同样是要受到惩罚的。

(2)购置税完税证明通常是指纳税人缴纳车辆购置税后,由税务机关核发的《车辆购置税完税证明》。核发完税证明的作用有很多。第一,购置税完税证明既是纳税人缴纳车辆购置税的完税依据,也是作为车辆管理部门办理车辆牌照的主要依据。驾驶员可以根据此证明,向公安机关车辆管理机构办理车辆登记注册手续。第二,便于车辆通行公路和税务机关稽查车辆缴(免)税时查验。第三,核发车辆购置税完税证明有利于强化管理,有效地防止偷税漏税现象。第四,核发完税证明有利于车辆管理部门加强对车辆的分类管理和年检查验。

在这里需要和大家说明一下,正常情况下,车辆购置税完税证明分为正本和副本。包括编号、纳税人(车主)名称、车辆厂牌型号、发动机号、车架(或车辆识别代码)、牌照号码、完税(免税)、征收机关名称、经办人签章等。

(3)车辆粘贴年检贴,也就是我们通常所说的验车,当然

若是在车辆注册登记后丢失或损毁而需要补办的,则需要提供机动车登记证和机动车行驶证。

至于车检的时间间隔也是在不断发生变化的,大家随时关注新的交通法规或者交通广播即可。

第一章 道路驾驶

 交叉路口车辆如何通行?

驾驶员驾驶机动车辆,在交叉路口如何通行?这个问题很多朋友都不太重视,甚至在交叉路口抢先通行,造成违法违规案例的不在少数。更有甚者,在交叉路口发生碰撞摩擦,导致道路拥堵,人员伤亡。其实,有关在交叉路口车辆如何通行早有规定,甚至在驾驶证考试的过程中应该也是重点考试的对象。

交叉路口
用以警告车辆驾驶人谨慎慢行,注意横向来车。

交叉路口
用以警告车辆驾驶人谨慎慢行,注意横向来车。

交叉路口
用以警告车辆驾驶人谨慎慢行,注意横向来车。

交叉路口
用以警告车辆驾驶人谨慎慢行,注意横向来车。

交叉路口
用以警告车辆驾驶人谨慎慢行,注意横向来车。

交叉路口
用以警告车辆驾驶人谨慎慢行,注意横向来车。

交叉路口
用以警告车辆驾驶人谨慎慢行,注意横向来车。

交叉路口
用以警告车辆驾驶人谨慎慢行,注意横向来车。

交叉路口
用以警告车辆驾驶人谨慎慢行,注意横向来车。

交叉路口
用以警告车辆驾驶人谨慎慢行,注意横向来车。

根据《中华人民共和国道路交通安全法实施条例》第五十一条,机动车通过有交通信号灯控制的交叉路口,应当按照下列规定通行:

(1)在划有导向车道的路口,按所需行进方向驶入导向车道。

(2)准备进入环形路口的让已在路口内的机动车先行。

(3)向左转弯时,靠路口中心点左侧转弯;转弯时开启转向灯,夜间行驶开启近光灯。

(4)遇放行信号时,依次通过。

(5)遇停止信号时,依次停在停止线以外;没有停止线的,停在路口以外。

(6)向右转弯遇有同车道前车正在等候放行信号时,依次停车等候。

(7)在没有方向指示信号灯的交叉路口,转弯的机动车让直行的车辆、行人先行;相对方向行驶的右转弯机动车让左转弯车辆先行。

第五十二条 机动车通过没有交通信号灯控制也没有交通警察指挥的交叉路口,除应当遵守第五十一条第(二)项、第(三)项的规定外,还应当遵守下列规定:

(1)有交通标志、标线控制的,让优先通行的一方先行;

(2)没有交通标志、标线控制的,在进入路口前停车瞭望,让右方道路的来车先行;

(3)转弯的机动车让直行的车辆先行;

（4）相对方向行驶的右转弯的机动车让左转弯的车辆先行。

如何正确变更车道？

众所周知，变更车道也是一项技术活，懂得变更车道的驾驶员能够以最安全、最迅速的方式驾驶车辆；而不懂得怎么变更车道的驾驶员就要惨一点了，很可能会被后面的司机给骂的，甚至有的也会造成不必要的刮擦和伤害事件。那么，对于广大的驾驶员而言，要想顺利科学地变更车道，必须掌握以下驾驶技巧：

（1）变更车道前，应通过后视镜观察变更车道上的交通情况。

（2）确认安全后，开启转向灯，示意后方车辆减速让行。同时，在不妨碍该车道车辆正常行驶的情况下，逐渐将车辆变更到所需车道，之后再关闭转向灯。

（3）每次变更车道，只能变更到相邻的车道；若需变更到相邻车道以外的车道，应先变更到相邻的车道，行驶一段后，再变更到另一条车道，不得连续变更两条以上的车道。在车道分界线为实、虚线的路段，实线一侧的车辆严禁变更车道。

（4）遇有导向车道的交叉路口时，要注意观察导向标志或路面导向箭头；车辆进入实线区前，按导向箭头方向根据

选择的行驶路线变更车道。

需要注意的是,驾驶在变更车道时,需要提前观察道路交通标志和路面标线;应在50至60米的距离之间变更车道。

注意事项:

(1)注意让所借车道内行驶车辆先行;

(2)不能频繁变更车道;

(3)不得一次连续变更两条以上车道;

(4)左右两侧车道的车辆向同一车道变更时,左侧的车辆让右侧的车辆先行。

 4 会车时如何应对?

会车就是指在行车过程中,上行车与下行车的相错。会车对于新手来说应该是比较困难的,尤其是在路面较窄的情况下,是很容易因为紧张而导致汽车熄火的,甚至可能造成两车相互刮擦、相撞,或碰刮路旁非机动车辆、行人以及路侧隔离设施等。

为了避免上述情况的发生,新手驾驶员首先要在心理上克服紧张情绪。之后,再掌握一定的会车技巧,相信便可顺利会车。

会车前要做到"一看二算三慢"。所谓"一看"是指看对

第一章 道路驾驶

向来车的车型、速度和装载情况,前方道路的宽度、行人、车辆情况,路旁停车以及障碍物情况等;"二算"是指通过观察和比较估算出两车交会时大致位置,以留出合适的横向安全间隔;"三慢"是指会车时要放慢车速,必要时应该先停车,以达到两车顺利交会的目的。

会车还要注意有关让行的规定,要及时合理让行。夜间在没有路灯或照明不良的道路上,会车时禁止使用远光灯,改用近光灯,待对方车辆通过后,再打开大灯,正常行驶。

5 铁路道口车辆如何通行?

车辆通过铁路道口,必须遵守铁路道口管理的相关规定,车速不得超过每小时 20km,服从道口管理人员的指挥。车辆在通过铁路道口时,往往分为两种情况,即通过有人看守的铁路道口和无人看守的铁路道口。

(1)在通过有人看守的铁路道口时,应注视信号指示灯和栏杆。两个红灯交替闪烁或者一个红灯

亮,栏杆放平或栏门关闭时,表示禁止车辆和行人通行,此时车辆应按顺序停在停车线外。当红灯熄灭,栏杆开放时,表示允许车辆、行人通行。

（2）在通过无人看守的铁路道口时，要遵守"一停、二看、三通过"的原则，确认安全后才能够通过。此外，汽车在穿越铁路道口时，要一次性连续通过，不得在火车行驶区域内换挡、停车或者空挡滑行。如遇到铁路道口内路面凹凸不平，应握紧方向盘，把握好行驶方向，保持直线行驶，防止车辆跑偏或者侧滑。

一旦汽车在铁路道口熄火，必须立即将车辆移走。如实在无法移动车辆，要迎着火车驶来的方向放置红色报警灯或者晃动红色物品，以告知火车驾驶人紧急制动，避免发生重大事故。

6 夜间行驶车辆有哪些注意事项？

夜间行车视野较短、容易疲劳、警惕性较低，所以若非特殊情况，尽量避免夜间驾驶车辆，尤其是在特殊气候状况下，更不易夜晚驾驶车辆。如果因为一些特殊情况，必须要在夜间驾驶车辆的话，最好能够做到以下几点：

（1）控制车速。夜间道路上，车辆行驶量、人员流动量较小，驾驶员往往容易高速行车，因而很可能发生交通事故。而且，夜间行车由亮处到暗处时，眼睛需要有一个适应过程，因此必须降低车速。尤其是在驶经弯道、坡路、桥梁、窄路和不易看清的地方时，更应降低车速并随时做好制动或停车的准备。

（2）保持车距。驾驶员在夜间行车时，不但视线不如白天开阔，而且经常会遇到危险、紧急情况。为此，驾驶员必须要保持恰当的车距，以便能够在突发情况下紧急制动停车，防止危险发生。

（3）克服疲劳驾驶。夜间行车，特别是午夜以后行车最容易疲劳瞌睡，另外夜间行车由于不能见到道路两旁的景观，对驾驶员兴奋性刺激小，因此最易产生驾驶疲劳。可以用经常改变远近灯光的办法，一方面提高其他车辆的注意，另一方面也有助于减轻视觉疲劳。太疲劳时应停车休息，不要强行赶夜路。

（4）避免超车。超车前观察被超车辆右侧是否有障碍物，以免超车时，被超车辆向左侧避让障碍物而发生碰撞。必须超车时，应事先连续变换远、近灯光告知前车，在确实判定可以超越后，再进行超车。

7 如何在路边停放车辆？

对驾驶员而言，路边停放车辆应该是最简单、最熟悉不过的一项技能了。应该说，对于每一个学车的人员和驾车的人员而言，只要用车就必然要涉及到这个问题。然而，在现实生活中，您真的会停车吗？您是否在恰当的位置停车，以

及您能否恰当的停车？让我们一起来回顾一下科目二的有关知识吧。

停车前，不通过后视镜观察前方和右侧的交通、人流状况，为不合格；停车后，车身超越路途右侧边缘线或者人行道边缘，为不合格；停车后，打开门前不侧头观察侧前方和左侧交通、人流状况，为不合格；停车后，车身距离路途右侧边缘线或者人行道边缘大于30厘米，扣20分；停车后，未拉紧驻车制动器，扣20分；拉紧驻车制动器前抓紧行车制动踏板，扣10分；下车后不关车门，扣10分；下车前不将发动机熄火，扣5分；夜间在路边暂时停车不封锁前照灯或不开启警示灯，扣5分。

这些小知识了解了之后，您还会觉得您是一名合格的司机吗？貌似马路杀手，道路障碍者的可能性更多吧。现实生活中，很多人在停放车辆时，一点都不会考虑车停的是否正、是否安全，想停就停。如果真的按照您的方式来停车的话，那恐怕这道路上没有安全的地方了。

需要提醒大家的是，驾驶员朋友在停车的时候，一定要谨记"瞻前再顾后角度先对准"的要诀。在路边停车时，无论停车位所划格子的长度如何，一定要让车尾先进入才可能顺利到位。总之，无论是侧方停车、还是倒车入库都是很有技巧的，广大的驾驶员朋友一定要熟练掌握，尽量给其他车辆或者行人减少不必要的麻烦和损失。

第一章 道路驾驶

 8 如何正确地超车？

正确超车，必须具备以下条件：

（1）尽量做好准备，提前开启左转向灯从前车左侧超车，尽量避免在没有准备的前提下突然超车。而且，最好能够在超车3秒前向其他驾驶人员发出超车信号，以备其他驾驶员提前做好心理准备。此外，千万不可在右车道、转弯处或斜坡上超车。

（2）在超车前必须先检查后视镜、车辆两边的外后视镜及盲点。当您可从外后视镜看见刚超越的车辆时，就表示您可以安全地再次靠右行驶了。

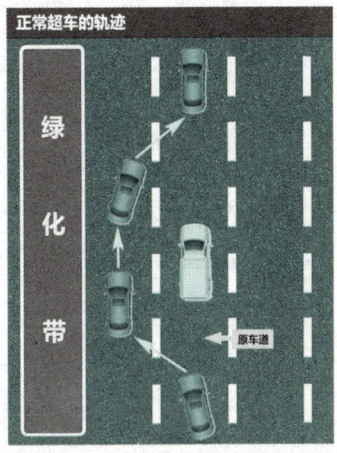

如果路况拥挤或者有其他车辆正在超车,为避免发生危险情况,请不要坚持继续超车,也别不停地闪灯,因为这将惊动前后的车辆,可能会给其传递错误的信号。相反的,您应该放慢车速并退回原位。

9 城市道路行车有哪些禁忌?

城市道路车流量、客流量较大,一不留心就可能导致不必要的伤亡或者损失。因而,在城市,尤其是在市区内驾驶车辆,必须高度警惕,坚决杜绝以下几种行为。

(1)一忌闯红灯。在城市的主要路口,都设有红、黄、绿交通信号灯,它是依照一定的时间规律进行变化的。必须遵循"红灯停、绿灯行、黄灯亮了等一等"的基本要求。

(2)二忌随意鸣喇叭。在郊外公路上及在弯道和视线死角等地方,提倡鸣喇叭,特别是在雾天、雨天,也要多鸣喇叭,以引起人们的注意。喇叭是车辆的安全设备,不许随意鸣喇叭以后,势必对安全行驶造成影响,这就要求驾驶员要格外小心,提高防范意识,控制好车速及汽车与行人之间的距离。

(3)三忌随意调头。随着城市出租车的增加,汽车在车道上随意调头的现象越来越多。操作规程中指出,在调头前,一定要确认前后没有车辆才可实施调头,并且遵守下列地点不允许调头的规定:铁路道口、人行横道、弯路、窄路、桥梁、陡坡、隧道或容易发生危险的路段,不许调头。

（4）四忌随意超车。在划有行车道的道路上,后车欲超前车,须待前车让出路面后,才能进行超车。但是,普通的车辆不许超越正在执行任务的警车及其护卫的车队、消防车、工程救险车、救护车,也不许穿插入警车护卫的车队中行驶。

（5）五忌随意倒车。在城市街道上倒车时,必须查明情况,在确认安全后才能实施倒车。但在下列地段不许倒车:铁路道口、交叉路口、单行线、窄路、桥梁、陡坡、隧道、交通繁忙的路段等。

10 弯曲山路如何驾驶车辆?

之所以在这里要和大家一起来学习弯曲山路如何驾驶车辆的问题,是因为车辆在平坦笔直的路面行驶与在弯曲的山路行驶的车感不同,司机驾驶车辆的技巧和方法也应有所不同。

按常识推理,汽车在转弯时往往会产生离心作用,上坡时车速较慢,离心作用较弱,同时车身重心后移,车头方向相比较而言会好控制些;相反,下坡

时,车速较快,离心作用强,车身重心前移,转向不足的程度增加,在这种情况下,不太好把握车头方向,很容易被甩出车道。因而,正确的掌握车辆转弯技巧,并勤加练习会有很不错的效果的。

因而,汽车在转弯时,尤其是碰到下坡转弯时,一定要提前减速,控制好车速。但是,需要注意的是,不可猛踩刹车,也不可猛打方向盘,应该说这两类动作都是非常危险的。要想正确的控制转向盘,就要尽量避免反手打转向盘或双手交叉打方向盘,因为这样不利于修正行车路线。正确的动作应该是,在转弯时以一手拉、一手推的交替方式操作转向盘。

 11 高速公路上驾驶车辆有哪些注意事项?

由于高速公路车速较快,平坦的路面极易造成驾驶疲劳,因此也成为事故的多发地带。在高速公路驾驶,应注意以下事项:

从匝道上进入主线车道,当入口有加速车道时,应通过加速车道,将车速提高到一定的速度。合流时,应不妨碍在主线车道行驶的车辆。严格区分车道的职能,分车道行驶,一般情况下走主行车道,只有超车时,才使用超车道,保证车流畅通。驶出高速公路时,注意路口预告牌,将车从主车道分流出来进入减速车道减速,经匝道进入一般公路。

严格遵守速度限制规定,保持安全车间距离。一般情况下,在路面干燥、制动良好的情况下,遇雨雾天、冰雪天和路面潮湿时车间距离应增加一倍以上,车速也应相应降低。高速行驶要始终握稳转向盘,改变车道或超车时,转向角度不要太大,防止车速过快车辆飘移。

12 车辆行驶过程中应该主动避让哪几种车辆?

貌似考过驾照的司机都知道,在道路行驶过程中,如果碰到警车、救护车或者消防车需要主动让。然而,除了这几种车外,还有没有其他的车辆需要驾驶员主动避让的呢?媒体上经常报道的特种车辆指的是什么?需不需要路上车辆主动避让呢?现在就让我们一起来了解一下,有关道路行驶过程中需要避让的特种车辆指的究竟是哪些车辆?

我国《道路交通安全法》规定:警车、消防车、救护车、工程救险车执行紧急任务时,可以使用警报器、标志灯具;在确保安全的前提下,不受行驶路线、行驶方向、行驶速度和信号灯的限制,其他车辆和行人应当让行。当然,这其中也明确规定了,警车、消防车、救护车、工程救险车非执行紧急任务时,不得使用警报器、标志灯具,不享有前款规定的道路通行优先权。

换句话说,也就是如果在马路上行走或者行驶过程中,

碰到正在执行紧急任务的特种车辆,行人和其他车辆都必须无条件地为它们让行,特种车辆在这里享有充分优先通行权。这里需要提醒大家的是,除了警车、消防车、救护车外,工程救险车也是包括在内的,所以大家不要忽略了才好,如果碰到校车最好也能够懂得避让一下。

13 遇到行人或者儿童车辆应该如何行驶?

由于混合交通比较严重,交通情况比较复杂,行车时应注意正确判断道路情况,掌握各种车辆的动态和行人的特点,选择合适的行车方式和路线。如遇到个别行人行为夸张,也最好不要鸣喇叭不止,因为这样可能会惊吓到行人,引起不必要的伤害。待到行人安全通过后,车辆则可以正常行驶。

如果行车过程中,遇到儿童在道路上玩耍,应提前减速,必要时停车避让,不能用鸣喇叭的方法驱赶,待情况稳定,方向明确后,低速通过。儿童或成人在道路两侧时,应注意儿童的动向,预防其突然横穿公路奔向成人。

如果是遇到青壮年,也不可大意马虎,务必要留心观察其动向。对个别违反交通规则的人,不要生气,更不要开斗气车。

如果行车过程中,遇见正在通过马路的老年人,则一定要考虑到老年人特殊的生理状况,例如视力不足、听觉不灵、行动迟缓等,往往不能够正确估计车速和自己横过马路的速度。因而,在遇到老年行人时,应降低车速、鸣喇叭,等待老人或残疾人避让后,再缓行通过,并随时准备停车。

如果是碰到拖儿带女的家庭主妇,那更不能急躁和不停地按喇叭催促其赶快通过,应停车等待其安全通过后,方可起步继续行驶。

需要注意的是,冬季因为寒冷,行人戴棉(皮)帽而将帽耳放下,视线、听觉均受到影响,在横过马路的时候视野范围和听力都不是很好。故遇到这种情况,司机理应要鸣喇叭减速,注意行人动向,做好随时停车的准备,谨慎通过。

14 涉水路段应如何驾驶车辆?

涉水前,必须停车观察水位情况,包括水的深度、流速和水底性质,以及进、出水域的宽窄和道路情况,由此来判断是否能安全地通过。

汽车涉水时,一定要轻踩油门,保持适当速度,切不可松开油门,车速要靠踩抬离合来控制,挡位选择在 1-2 挡。注

意切不可在水中松开油门换挡。通过涉水路段后,在宽敞的路面上,紧踩几脚刹车,排出刹车里的水,就可以继续安全行驶了。

在涉水时,如果发动机熄火,一定不要再试图启动车辆,否则水会直接被吸入汽缸,造成顶缸事故,而要组织人力或其他车辆将车推、拖出来。多车涉水时,绝不可同时下水,应待前车到达彼岸后,后面的车才可下水,以防前车因故障停车,迫使后车也停在水中,导致进退两难。

15 夜晚如何正确驾驶车辆?

夜间行驶安全系数要比白天行车低很多,很有可能发生交通事故,所以需要谨慎再三。

首先,会车时不要手忙脚乱,要注意右侧行人和自行车。与对向车相距150米时,应将远光灯变为近光灯。这既是行车礼貌也是行车安全的保证。在驶经弯道、坡路、桥梁、窄路和不易看清的地方更应降低车速并随时做好制动或停车的准备。

第一章 道路驾驶

其次,克服驾驶疲劳。夜间行车最容易疲劳瞌睡。可以用经常改变远近灯光的办法,一方面引起其他车辆的注意,另一方面也有助于减轻视觉疲劳。或者在车内放刺激性较强的音乐来打起精神,比如说唱音乐或者重金属。如果太疲劳时应停车休息,不要强行赶夜路。

最后,准确判断路况。一些老司机总结出夜间行车的要领是"走灰不走黑"。意思是说在没有月光的夜晚,路面一般为灰黑色,路面以外一片黑色。有水坑的地方会显得更亮,而坑洼处则会更暗黑。

此外,在碎石路面上,轮胎容易打滑或失去抓力,不要突然刹车,这样容易发生侧滑并失去控制。沙土路经常会形成危险的沙袋,因此在沙土路上行驶,需要格外谨慎,缓慢行驶。

16 汽车在高速公路抛锚该如何处理?

首先不要紧张,把车停稳后,组织所有人从右侧下车,尽量离公路远一些,切记不要坐在车上。

如果是在高速公路的应急车道停车,停车后驾

高速路上白天三角牌摆放在车后150米,夜间摆放在车后250米。

驶员应该打开警告灯,并且在向后方150米外设置危险警告标志牌后,立即将车上的人员撤离至护栏外,然后立即报警,千万不要留在车内或是在车道上行走。

跑高速最好能够携带备用车胎,倘若真的碰上汽车抛锚还能及时换上。倘若没有备胎,那就只能拨打电话,请求清障车前来救援了。倘若碰到这种情况,一定要及时拨打高速养护热线,协调清障车拖至服务区维修,切不可随意地把车辆停放在高速道路中央,影响其他车辆行驶,造成不必要的交通堵塞。

17 汽车牌照丢失或者损毁后该如何处理?

当机动车牌照丢失后,拿上自己的行驶证和产权证到车管所去补办。在这个期间,车管所会根据车主的实际情况给补办一个临时牌照。交管部门开的临时车牌,每次只管1个月,因此车主必须一个月办一次临时车牌(每办一次都要交一定的费用)。如果再次丢失其补办程序是一样的。车牌补办手续很简单。外地车牌补领牌照,只能在发牌地车管所办理。

根据我国《机动车登记规定》有关规定,汽车牌照丢失或者损毁,车牌所有人应当向登记地车辆管理所申请补领、换领。申请时,所有人应当填写申请表并提交身份证明。车辆

第一章 道路驾驶

管理所应当审查提交的证明、凭证，收回未灭失、丢失或者损毁的号牌、行驶证，自受理之日起一日内补发、换发行驶证，自受理之日起十五日内补发、换发号牌，原机动车号牌号码不变。补发、换发号牌期间应当核发有效期不超过十五日的临时行驶车号牌。

补办汽车牌照往往需要提供如下材料：

（1）《补领、换领机动车牌证申请表》（表格内容用钢笔或水笔填写，不得涂改）。

（2）机动车行驶证。

（3）因丢失补领一块号牌的，需收缴并换领另一块未丢失的号牌；因损毁换领机动车号牌的，需同时收缴并换领两块号牌。

（4）机动车所有人身份证明原件和复印件。

（5）委托代理人办理的，还应提交代理人身份证明，并且在《补领、换领机动车牌证申请表》上与机动车所有人共同签字。

具体办理程序如下：

（1）机动车所有人或代理人携带所需证明、凭证到当地车管部门进行申报办理补、换机动车号牌手续。

（2）机动车所有人或代理人应在八个工作日后，凭补、换领号牌的缴费发票和《机动车行驶证》及时到当地车管部门领取补、换发的机动车号牌。

18 汽车玻璃水有哪些用途？

一提到玻璃水，很多人可能都知道它有清洗的功能，但若再加以深究，便不知道该如何回答了。那么，玻璃水除了具有清洗功能外，还有哪些好处呢？下面我们一起看看。

（1）清洗：由于表面活性剂的存在，通过润湿、渗透、增溶等作用，达到清洗去污的目的。这种清洗效果要远远好于水的清洗效果。（2）防冻：由于有乙醇、乙二醇的存在，能显著降低溶液的冰点，从而起到防冻的作用，能很快溶解冰霜。（3）防雾：玻璃上的雾、霜均是玻璃表面吸附空气中的水造成的。用玻璃水清洗后，玻璃表面会形成一层单分子保护层，主要成分是表面活性剂。这层保护膜能消除吸附点附近性质的不一致，防止形成雾滴，即使形成了雾滴，表面活性剂也能将液滴铺展成水膜，或将霜溶解后再均匀铺成水膜，提高透明度，保证视野清晰。（4）抗静电：在车辆运行中，风挡与雨刷器及空气中的物质摩擦会产生电荷，而电荷会吸附污物，影响视野。而保护层中的表面活性剂可以中和电荷，或者增强玻璃表面的导电作用，消除

玻璃表面的电荷,防止吸附。(5)润滑:玻璃水中含有乙二醇,粘度较大,可以起润滑作用,减少雨刷器与玻璃之间的摩擦,防止产生划痕。(6)安全性:玻璃水中不含各种金属离子,对汽车面漆、橡胶、各种金属没有任何腐蚀作用,绝对安全。

19 怎样开车才能够减少轮胎的磨损?

汽车轮胎磨损往往会导致轮胎摩擦力下降,易发生侧滑,此外严重者还可能导致爆胎,引起一定的交通事故。当然,随着汽车行驶里程和使用时间的不断增减,汽车轮胎磨损应该是一个不可避免的现象。即便如此,我们仍可人为地延缓汽车轮胎的磨损时间,降低因为汽车轮胎磨损而引发的意外事故。至于如何降低汽车轮胎的磨损程度,肯定是需要一番学习的。接下来,就让我们一起来了解学习一下有关如何减少汽车轮胎磨损的小知识和技巧吧。

一是发动车辆不要过于猛烈,以免因轮胎与地面拖曳而加速胎面磨损。

二是车辆下坡,应根据坡度的长度及路面情况,控制适当的车速,这样可以避免或少用紧急制动,减少轮胎磨损。

三是车辆转弯应根据弯道路况、转弯半径,一般要适当减速,以免由于惯力和离心力的作用,加速单边轮胎磨损。

四是在凹凸不平的道路上行车,一方面要恰当选择车辆行驶的路面,减轻轮胎与路面的碰击,避免机件及轮胎的损坏;另一方面要注意减速缓行,避免轮胎颠簸和强烈震动。

五是在特殊路段要掌握一些车辆驾驶的基本技巧。例如,在拐弯会车、超车及通过交叉路口、狭窄路面、铁路道口等地段时,应掌握适当的车速且要注意路面、行人、车辆动态,做好制动准备,减少频繁制动,避免紧急制动,从而降低轮胎磨损;在公路维修施工地段行车时,应用低速缓行选择路面的办法通过,避免轮胎受到过度碰击,甚至被刺伤或划伤;通过泥泞地段,应选择较坚实、不滑的地方通过,以免轮胎下陷、原地空转、剧烈震动造成轮胎及胎侧严重割伤、划伤。

总之,要想降低车辆轮胎的磨损程度,司机必须要在起步、停车或者行驶中注意车辆运行的基本规律,切勿经常性的强行停车、紧急启动或者选择不恰当的路面颠簸行驶。养成良好的驾车习惯,是增强车胎使用寿命,降低车胎磨损的重要途径和手段。

20 在集市或农贸市场等人口流动性比较大的地方车辆该如何行驶?

我国的很多城乡都有定期或不定期集市的传统。近几年,为了方便城市居民生活,各个城市的周围大都设立了规模不等的农贸市场。无论是集市还是农贸市场,交通都十分拥挤。

无论是集市还是农贸市场,都有共同的特点,那就是人流量大、道路拥挤、车辆摊位较多、行动缓慢、人们警惕性低。在这种情况下,车辆如果恰巧经过,应该充分考虑通行人员的安全性,把生命安全意识放到第一位。在具体的行车过程中,如能绕开,应设法绕开;无法绕开时,必须按照通过城镇的一套办法通过,特别要注意的问题是以下几种情况:

一是汽车一定要低速缓行,决不可用汽车挤驱人群;二是如果遇到传统性的集市,更要注意尊重当地人民的风俗习惯,切不可贸然行事;三是如果是在集市高峰时间确实无法通过时,应暂时停车,耐心等候;四是如果是执行紧急任务又必须通过集市时,则应有人员开道,引导汽车缓慢通过。总之,如果要经过流动性大、人员密集的集市、批发市场、农贸市场,一定要谨记下面这句话,即"速度要慢、警惕性要高、能绕道则绕道"。

第二章　安全出行

21 出境旅游应该注意哪些问题？

出境旅游有这样几个方面问题，是每一个游客都无法回避而且必须要面对的，分别是护照和签证的办理、现金的兑换和使用、国内联系的畅通性等方面。这些重要因素不仅是我们安全旅游的重要保障，同时也是我们舒适旅游的必备条件。如果您的签证和护照出现问题，那么您本次的境外旅游也就泡汤了；如果您在现金使用方面出现问题，肯定会令您的旅行特别不爽。因此，正确的掌握有关签证、护照、现金兑换和使用等方面的技巧，是出境旅游必备的知识。

首先，出境旅游不同于国内游，护照是您境外行走的通行证和护身符，理应随身携带、妥善保管。出国前，务必要仔细检查

护照上的个人资料与您本人的情况是否完全符合,特别需要注意的是您的姓名(包括汉语拼音名)、出生日期等项,应确保你的护照的有效期至少在6个月以上,有足够的空白签证页,并在护照的持照人签名处签上自己的名字。

在旅行中,您要善于利用护照来保护自己。在中国的护照首页印有"中华人民共和国外交部请各国军政机关对持照人予以通行的便利和必要的协助"。当你在目的地国遇到麻烦时,可主动向当地警察或者有关当局出示护照,证明自己的身份,请求对方给予协助。此外,为方便起见,您应当准备几张护照用照片和几份护照个人资料页和有效签证页的复印件,以备护照丢失或被盗时申领补发护照和签证时所用。

其次,签证也是境外旅行的另一道必备手续。办妥前往国家和途经国家所需要的签证,要注意检查你的签证种类和你的旅游目的地是否相符,入境的有效期限和在旅游目的地的停留期限是否符合你的要求。

再次,最好能够携带1-2张信用卡,尽量少携带现金。一方面是有助于资金的安全性,另一方面也可以减少现金兑换的麻烦。最重要的是,目前国内银行的信用卡都支持境外消费免收手续费,而且还会有额外的奖励。所以,境外消费使用信用卡应该是一项很不错的选择。

最后,也是最为重要的一项。境外旅行不同于国内旅行,异国他乡一定要把安全放在第一位。带上能国际漫游的手机,输入几个重要的电话号码,以便随时随地能和国内亲

友、所在单位以及旅行目的地的中国驻外使领馆取得联系。出国前要和电信局确认你的手机在你前往旅行的国家能够使用。如果不能使用,要寻找其他通讯联系办法。一切都安排妥当之后,务必让手机保持畅通的状态,及时与国内亲朋好友保持联系。

22 跟团旅游需要注意哪些问题?

跟团旅游中,旅行社的选择、旅行合同的签订、旅行路线和旅行天数的确定、景点数量、交通方式、食宿解决等应该是游客必须关注的问题,因为这些问题可能会关系到您报团后,旅游出行的质量和舒适度。

首先,旅行社的选择一定要货比三家。选择旅行社就像买菜,不能看到就买,要看看它的价格、新鲜程度和环保程度。同样,选择旅行社要看它的知名度和信誉度,这样旅行保险和信用这一块就不用太担心了。除此之外,还要比较一下各旅行社的价格和优惠程度,看看有没有自己中意的。当然,如果价格相差不大的话,还是建议大家选择一些比较有实力的旅行社,像是国旅、中青旅之类的,不但存续时间久,信用度高,而且有保障。

其次,旅游合同的签订,一定要注明旅游路线和价格,旅游保险的额度,以防导游在旅游过程中擅自更改旅游线路,裁剪旅游景点,增加购物点。

再次,选择好旅行社和旅行线路之后,就可以到相关的旅行社报团了。记住要携带的证件,如果是出国旅游一定要事先办理好护照和签证。如果是国内游携带身份证就好了,如果是学生最好能够带上学生证,可能在景点门票和乘车价格方面会有不少的优惠。

最后,跟团旅游一定要牢记,大家是一个团队,不是一个个体,所以有关旅行社安排的具体行程和时间一定要记住,最好能够留下带队导游的手机号,以备联系。如果在导游规定的时间过后 30 分钟,您仍然没有按时集合,那么导游出于团队内其他游客的利益和行程考虑很可能把您给抛下,开始出发了。如果出现这种情况,处理起来还是很麻烦的,所以大家跟团旅游不能太随意,一定要有严格的时间观念。

23 如何正确使用打车软件?

熟练掌握打车软件的功能和使用技巧,不仅能够帮助我们顺利到达目的地,而且还能够为您省不少钱。本节经验主要是想教授大家如何正确使用滴滴或者快的打车软件,让出租车司机成功将我们送往目的地。

首先,需要一部手机,下载滴滴或快的打车软件,当然也可以不下载,因为微信或者支付宝也是有打车端口的。但

是，我个人还是觉得打车软件客户端用起来顺手得多。滴滴和快的两大打车软件，两个可以都下载，毕竟活动力度还是有差别的，一个出故障了，另一个还可以继续使用。但如果您嫌它占用内存，也可以只选择一个打车软件，在这里我向大家推荐一下滴滴打车软件。在数次的使用比较过程中发现，滴滴软件不仅定位准、使用人数多、呼叫成功率高，而且优惠程度也要比快的高一些，赠送的优惠券经常可以充当起步价了，"双12"期间甚至还会有免费打车的优惠呢。

其次，开通手机网银，并绑定滴滴打车与手机号，也可以绑定微信或者支付宝，以便车辆呼叫成功后，可以通过手机支付打车费用。当然，特殊情况下，也可以使用现金支付，但是手机支付往往可以使用优惠券，可以便宜一些。可是现金支付就不会有优惠了，所以还是推荐大家使用手机支付的。

最后，一切准备就绪之后，打开打车软件，手动输入出发地和目的地（也可以语音发送的），点击开始叫车"发送"按钮即可。司机抢单成功后，便可等待司机给您打电话，联系具体的上车地点。之后，别忘了下车之前通过手机付款，有优惠券的话一定要使用优惠券，付款成功后，您还可以给好友发送滴滴红包，自己也可以抢一笔的。所以，千万不要傻乎乎的发完红包就算了事了,先自己抢一笔红包试试看。

总之,正确熟练地使用打车软件,不仅能够在用车高峰期顺利地打到出租车,而且可以省下一小笔钱的。

24 外出旅行怎么选择最佳出行工具?

在选择交通工具时,交通工具的价格、便捷性、舒适度是乘客选择交通工具时考虑的重要因素,在某些情况下,时间或者距离也会成为乘客选择交通工具的重要参考因素。接下来,将和大家一起就交通工具的优劣比较进行简单的分析,以便为今后的出行提供参考借鉴。

(1)飞机。

最大的优点就是速度快、安全系数高、舒适度高。但也存在价格贵、目的地有限、对行李的限制较多等缺陷。但是,不可否认的是飞机是众多交通工具中,耗时最短、最为舒  适和安全的选择,不管是水路还是陆路,飞机都可以到达。而且,坐在飞机上看窗外的风景是很令人开心的一件事。但其最大的缺点就是价格较高,尤其最近飞机的燃油费又提高

了好多,令很多朋友都放弃了乘坐飞机的打算。此外,并非每个城市都有飞机场,如果目的地没有建设飞机场,那么下了飞机再倒车,就会是很麻烦的事情了。不过对于时间要求比较严格,又不太在意出行交通费用的乘客,乘坐飞机应该会是最佳的选择。

(2)火车。

最大的优点是价格实惠、车次固定、安全系数相对较高,随着高铁、动车的发展,车速相对也是可以的。但是,可能会存在舒适度一般、经常晚点等缺憾。因而,想要选择火车出差的朋友,最好选择提前班次,以免耽误行程。相对而言,火车是大多数人出游都会选择的交通工具,火车总体上来说可以算得上是比较实惠的。如果要走的是陆路且距离比较远,拿的行李比较多,那么大家就可以选择火车。坐在火车上,可以和同伴一起看沿途的风景,聊天放松,令旅途不再那么乏味。

(3)汽车。

最大的优点是快捷、灵活,发车时间随意,最大的缺点是受路况影响较大,如果交通拥堵,本来一小时的车程也可能会走三四个小时。乘坐汽车出行,一般是短距离旅途的好选择。它几乎没有时间限制,而且方便快捷,乘坐起来也比较舒服。但它受道路的影响较大,如果道路状况不是很好,很容易损坏汽车。而且,如果开的是私家车,大家还要考虑一下油费的问题,毕竟现在油费涨得也很猛。

（4）轮船。

最大优点是价格便宜，然而速度慢、安全系数低、受季节的影响较大也是其最大的缺点。轮船不同于火车、汽车，它可以连接到两块不相连的陆地，也就是所谓的"水路"。轮船的票价一般不是很贵，旅客可以站在甲板上，看着蔚蓝的大海，呼吸着有着淡淡腥味的空气，心情自然会放松很多。但同时，轮船也有很多缺点，比如它的行驶速度一般很慢，线路有限，受季节等因素影响较大，而且安全问题值得考虑。

25 出门旅游需要携带的物品有哪些？

外出旅游是一种放松身心，体验不同地区风土人情，结交好友的休闲娱乐方式。随着人们生活水平的提高，在闲余时间外出游玩的人越来越多。游玩是好，但若没做好提前准备，到了机场发现没带机票，见到美景却没有带相机……就会给本该美好惬意的旅途打上几分折扣了。那么出门旅游需要带什么物品呢？

首先，一定要妥善保管好自己的随身物品，明白外出旅行的一些基本常识。（1）不是所有地方都能刷卡的，带一定数额的现金是必需的，但是现金不宜带多，且最好不要放在一个地方；（2）银行卡，出门旅行消费是免不了的，既方便又安全的方式就是带上信用卡了；（3）身份证，必备品啊，没有

身份证,真真是不行的;(4)护照、签字手续,若是出国旅行,没有护照,只能眼巴巴看飞机起飞了;(5)旅行订单,若你的行程是旅行社负责,那这些合同类证件单据你是必须随身携带的;(6)机票、车票如果你不是订的电子机票车票,一定别忘记带上它们;(7)电子用品:例如相机、充电器、手机、数据线等;(8)药品,晕车药、感冒药、创可贴、防蚊虫叮咬药这些常备药是每个旅游攻略中都会提醒大家携带的,毕竟防患于未然,身体舒适才能有一个愉快的旅途;(9)家里的钥匙,旅游虽好,家还是最终的港湾,一番疲惫回家后找不到钥匙,真的很悲哀啊;(10)换洗衣物,出门要穿得干干净净、漂漂亮亮的,忘记带换洗衣物,一定会影响外出时美丽的心情的。

其次是建议性携带物品,也是需要有一定的了解的。(1)行程单,一个好的行程单可以让你的旅行有秩序,充实而不慌乱;(2)联系电话,旅行社的,投诉部门的,急救中心的;(3)摄影设备,虽然现在的手机,平板都具有相当强大的拍照功能,但是一套专业的摄影设备对于摄影爱好者来说,是必不可少的;(4)水杯及饮用水,有人嫌麻烦,不喜欢随身戴水杯和水,但是备存几瓶矿泉水,带上杯子以防万一真的很必要,毕竟不是哪里都可以买到水的;(5)食品,旅行中带一些方便食品在身上是有必要的,如遇堵车或者意外发生,可以暂时免受饥饿。

此外,洗漱用品、化妆品、防晒遮雨物品,备用行李包等这些都是可以视情况而带的东西。

26 骑自行车时如何防止被拎包？

骑自行车被拎包是指个体在骑车行走当中车轮、车轴被布条、铁丝等物品缠住、绕住，当您下车查看时嫌疑人趁机将放在车筐或挂在车把上的包拎走、抢走。

防止骑自行车被拎包的方法：(1) 尽量不要把背包、提包、手包或者其他的贵重物品放在车筐里、车把上；(2) 骑车行驶当中发现后车轮出现问题，在下车查看前要先将车筐内，车把上的包取下并随手携带看护好，然后再查看坏车的原因；(3) 在集贸市场推车购物时尽量不要带包，如带包挑选物品、蔬菜、水果时不要"顾此失彼"，给嫌疑人留下空当。

马路上被拎包是最近几年经常发生的事情，为了尽可能地减少被拎包的风险，骑自行车的您一定要随身携带贵重物品，切勿将贵重物品随手放在包包里。如果路上发生特殊情况或者有陌生人打招呼，一定要有警惕意识，把放在车把上或车筐里的包包取下随手携带。但如果真的碰到抢包的，也不要一味地反抗，视情况而定，毕竟生命优先，切不可因为一个包包而遭受不必要的人身伤害。这就提醒大家，包包里切不可装太过贵重的物品，毕竟现实生活中有不少为了保护自己的包包而丧命的，也许里边确实有太过贵重的物品吧。

27 公交车防扒攻略有哪些？

由于受季节和服装等因素影响，冬季公交车行窃频率较高，手段"高明"，穿衣服多容易隐藏，尤其是在上下班高峰期，公交车内拥挤得厉害更是小偷作案的高峰期。通常情况下，他们会在外观上伪装自己，以降低人们的防扒意识，如装模作样地拿着公文包，其实里面是空的，还有携带报纸、纸袋等用来遮掩作案的工具。

近年，也出现了一种新型公交车侵财犯罪，即犯罪分子在车门处以上错车为名往车下挤，下面接应的同伙就对身上有贵重金属（金手镯、金项链等）的乘客下手，被害人大多数为女性。

因此，提醒广大的乘客，乘车时务必加强防范意识，对身边情况多加留意，上下班高峰尽量少带现金，把相关证件放进外衣口袋；贵重物品应贴身携带，不要放在提包内和外衣口袋中；不要让提包离开自己视线；上车前准备好零钱；避免与他人拥挤上下车；上车后不要站在车门口，避免和他

人身体接触。

28 冬季旅游有哪些好处？

对于很多人来说，旅游的意义在于开阔视野、丰富自己的内心世界，填补无聊的时间。既然如此，如何更好地享受旅游时光，丰富自己的精神世界就很值得我们去推敲。

冬天环境寂静，游客数量较少，从某种意义上讲，非常适合在那寂静的季节里寻找自己内心心灵的栖息地，并以此来陶冶情操，丰富游客的内心世界。除此之外，冬季出行的价格也相对能够便宜一些，不论是在机票价格还是在景点门票方面都会有不少的优惠呢。因此，对于那些不是为了凑热闹而旅游，又喜欢寂静，不怕寒冷的人来说，冬季出游应该是比较经济实惠的选择。

此外，给大家介绍几个冬季出游的好去处。"冰城"哈尔滨可以去看看，那应该是个很不错的地方，看看那里的冰雕，一起去惬意地滑滑雪，看看那里白雪皑皑的房屋，真有一番与世隔绝的壮丽美；烟台，传说中的雪窝，一起穿着雪地靴，到沙滩上打雪仗吧；还可以去"春城"昆明去感受一下那里的温暖气候；到重庆去吃吃麻辣粉、重庆火锅，在那寒冷的夜晚，来点辣辣的东西，应该会是很不错的选择吧。所以，不怕冷的朋友选择在冬季出游应该是蛮不错的。

29 夜间如何安全行车?

夜间安全行驶车辆,谨记速度要慢,眼睛要明,头脑要清的要诀。明白"开车不饮酒,饮酒不开车"的深刻道理,如此以来,既是对他人生命的尊重,同时也是对自己生命的爱护。夜间安全行车要谨记以下几个方面的重要内容:

(1)夜间行车要保持低速运行,尤其是在人行道、交叉路口附近,务必要保持低速行驶,除此之外,还要注意灯光的正确使用。

(2)头脑要清,夜间行车除了不能饮酒外,还必须要休息到位,保持充足的体力,切勿强忍睡意行车。若有疲惫的感觉时,可以就近选择服务区、停车场去休息一下或睡一觉以消除疲劳。

(3)夜间行车时驾驶员注意力要集中,要仔细观察前方车辆的尾灯,及时做出正确的判断。夜间安全行车最好的方法是:选择在自己车辆前方行驶速度与自己差不多的车辆,保证足够的行车间距,跟车行驶。遇对面有车时,应变换灯光,使用近灯光或让灯光向下照射。如对面来车灯光刺眼时,应避开对面灯光直射,将视线移向右侧路肩,并做停车准备。

(4)除非万不得已,夜间行车应当避免在路肩上停车,如确因故障抛锚,可将车辆停放到路肩上合适的位置,并在行驶方向的后方 100 米处设置故障车警告标志,同时开启示宽灯和尾灯。

总之,夜间行车视野范围较小,视距较短,低速行驶是安全行车的重要保障。车辆在低速行驶过程中,任何紧急的情况,都可以通过紧急刹车将危害降低到最小的状态。而处于高速运行中的车辆,一旦发现紧急情况,将来不及做任何反应。因而,速度慢是夜晚安全行车的第一要素。

30 冬季开车如何养成良好的习惯?

养成良好的开车习惯,既是对自身生命的一种尊重,同时也是对汽车本身的一种爱护。因为不良的开车习惯,在很大程度上会带来一定的安全隐患,给乘车人带来不必要的风险。熟知一些开车常识,并养成良好的开车习惯,需要我们持之以恒地去坚持,接下来就让我们一起来学习以下有关开车良好习惯养成的一些知识吧。

(1)切勿强行开启雨刷器。

冬季早晨汽车经过一场冰雪的覆盖后,视野模糊不清。很多驾车人会通

过强行开启雨刷器刮除车窗表面的积雪或者冻霜。如果这样做的话,就可能损坏上面的橡胶刮片,严重的会直接烧坏雨刷器电机。

正确方法是在启动车辆后开启暖风并向前风挡玻璃吹风,用热风来融化冻住雨刷器的冰。除此之外,车主还要注意及时更换防冻型玻璃水,以免发生喷水嘴被冻的现象。

(2)切勿吹暖风只用内循环。

对于冬季行车来说,开启暖风是每一个车主都会做的事情,但是如何正确地使用暖风就不见得是每个车主都会做的了。很多车主为了能够短时间提升车内温度,就一直使用空调内循环。殊不知,长时间使用内循环,车内的空气质量会大大降低,从而损害人体健康。

正确方法:车主冬季开启暖风时,最好交替使用内外循环,这样可以在保证获取新鲜空气的基础上再提升车内温度。

(3)经常打开车窗。

与上面长时间使用内循环一样,长时间不开窗也是一个不好的习惯,因为时间长了车内的二氧化碳会增多,容易引起困意。另外,长时间吸入不流通的空气也会影响车内人员的健康,容易增加患呼吸系统疾病的几率。因此,养成良好的开窗习惯对于车主的身体健康而言,还是蛮重要的。

正确方法:冬季开车出行一段时间后,最好打开天窗或车窗,一方面可以使车内空气得以流通,提升车内空气质量,使司机不易犯困;另一方面也可以有效降低车内外温差,防止风挡玻璃起雾,使驾驶员获得良好的视线。

(4)切勿疲劳驾驶。

俗话说,春困秋乏夏打盹,冬天直接就冬眠了。长时间驾车本来就容易犯困,冬天更是如此。那么,很多司机觉得疲劳驾驶根本就不算事,殊不知疲劳驾驶危害甚大,其本身所带来的损害并不亚于酒驾带来的危害。

正确方法:车主可采取一些辅助措施间接降低开车犯困的几率,比如听一些节奏感较强的音乐,犯困时找个安全地带休息一下或下车活动一下都是个不错的方法。

(5)转弯行驶要减速,切勿急打方向盘。

打方向盘是每个获得驾照的人的必须课,动作看似简单,实际上蕴藏着非常丰富的技巧。冬天路滑,在转弯前应避免急刹车和急转弯,更不能急打方向盘,否则会导致车轮失控翻车。

正确方法:转弯前提前减速并打开需要转向的车灯,观察车辆周边情况,尤其要看是否有行人穿越马路,之后匀速转动方向盘,使车辆保持平稳转向,在转弯时要谦让直行车辆,不要与直行车辆抢行。

(6)车停随手关空调。

冬天几乎所有车都会开空调,有一些司机在停车熄火时,不先把空调关掉,这样一来,打开电源后,车子发动机还没启动,空调已经打开,久而久之会对发动机造成影响,并减

少空调的使用寿命。

正确方法：在停车熄火前，一定不要怕麻烦，先把空调关掉后再熄火。

31 夏季出游饮食需要注意什么问题？

俗话说得好，祸从口出，病从口入。很多的疾病都是从口中进入的，因为食用了不干净的东西而导致肠胃不适、中毒等。尤其是在夏天，暴饮暴食，啤酒加烧烤，深夜小吃等吃法的增多，更容易导致肠胃不适，甚至引发中毒事件。因而，夏季饮食更要格外的注意，以免发生不必要的身体伤害。

夏季出游，一定要准备充足的饮用水。夏季天气异常炎热，人们在出行时很可能由于长时间的行走而引起脱水，甚至中暑死亡。据有关研究表明，人体在出汗时每小时会丢失800ml左右的水分。如果大量流汗之后，不能够及时补充水分，就会引起人体高渗透性失水，进而患上脱水热。同时，又由于肾血循环量不足，非蛋白氮等代谢产物滞留引起肾前性氮质血症与酸中毒。脑细胞等脱水可引起精神神经征群，最终可发生昏迷。更有甚者，还会因为血容量下降，导致血压明显降低，引起休克。

因此，提醒广大朋友们，在夏季出行时，建议您带上含有适量电解质的运动饮料。可以帮助您及时补充流失的钾、钠元素,保持体力。

夏季出游饮食要注意哪些常见问题呢?首先,一定不可以饮用未经检验的水。野外的水源一般除了泉水和净水外,如河水、湖水、溪水、雨水、露水都最好不要即时饮用。长期暴露在空气中的水里常常有肉眼看不到的寄生虫和病菌滋生,贸然地饮用,常常会让人患上痢疾等疾病。

其次,吃海鲜忌大量饮用啤酒。夏季冰凉的啤酒搭配上美味的海鲜,真是太爽了,在很多人看来都是绝佳的搭配。然而,吃海鲜喝啤酒容易引起痛风,这种说法并非空穴来风,亦非夸大其辞。海鲜中含有一种叫作嘌呤的物质,它经过代谢之后会转化为尿酸,尿酸过多会导致痛风。所以一定要少吃海鲜,尤其不要边吃海鲜边喝啤酒。

再次,生食瓜果要洗净,尽量不吃没有成熟的水果。俗话说,不干不净,吃了没病。很多人信以为真,还把这当成提高人体免疫力的方式之一。然而,在现实生活中,还是不要这样尝试的好,毕竟生食瓜果还是有很大的风险的。户外旅行时,经常会在野外碰到未成熟的果子,在这里提示各位最好不要食用。

未成熟且苦涩的青李不可食,含有氢氰酸,人吃后比较危险。症状轻的是肚子痛、拉肚子、头痛、头晕、心悸、恶心、呕吐,重的甚至会出现呼吸困难、意识障碍、全身痉挛等症状。没熟的李子和杏子有毒,而它们的果仁也有毒。同样不同的水果在未成熟时期很多都含有一定的毒素,贸然食用也

许会导致中毒。

最后,提醒大家夏季出行,饮食方面一定要注意,清淡一点、卫生一点比较好,懂得搭配也很重要,食物之间也是有相生相克的。一旦出现身体不适,例如恶心、拉肚子,务必要及时就医,以防延误病情。

 为什么飞机是最安全的出行工具?

马航事故后,很多人都会产生一个印象,坐飞机太不安全。但事实上,据相关数据统计,飞机仍然是最安全的出行方式。

首先,从各个主流交通工具重大事故的发生频率来讲,飞机重大事故绝少发生,造成多人员伤亡的事故率约为三百万分之一;一般事故率为二百万分之一。而一般情况下,火车的事故率是几万分之一,汽车的事故率是几千到几百分之一,摩托车的事故率则是大约四十分之一。

其次,从因事故死亡人数上进行比较。30年前,重大事故的发生率为每飞行1.4亿英里一次;如今是14亿英里才发生一起重大事故,安全性提高了

10倍还多。相关权威数据显示,全球每年的车祸死亡数字是飞机失事死亡人数的数千数万倍。

最后,从飞机自身的准入门槛来说,飞机从研发到使用,它的准入门槛很高。任何航空器从研发制作到试飞、运营,都要经过各国政府试航安全监测部门的层层审定检查,而飞机投入载客运营,更是有更高的准入门槛。一架飞机安全飞行为乘客的工保障的不仅有飞行员和乘务员,更有必过的门槛机务、安检、签派等部门的检查,一架飞机的背后,至少有120人为其保驾护航。

所以,航空是远程交通最安全的方式,而且它变得越来越安全,大家还是可以选择飞机作为出行工具的,而且应该还会是很不错的出行工具。

33 选择交通工具应考虑哪些因素?

如何选择正确的交通工具是一个简单也不简单的问题,选择好的,出行顺畅,选择不好,很可能带来不必要的麻烦。那么如何正确选择交通工具呢?

(1)安全性:在选择交通工具时,要将安全性放在第一位。

特别在山区路段或水上旅行,一定要选用性能良好的汽车和轮船,没有安全保证的交通工具,存在超载等危险因素

的交通工具一定不能考虑。

（2）时间：选择交通工具要考虑时间因素，如时间充足可选择火车、汽车、轮船等交通工具，而不必选择飞机。因为这样不仅仅可以省钱，最重要的是可以观赏沿途的风景，增加旅途附加值。但是如果时间不允许，就只能选择速度较快的工具了。

（3）费用：不可否认，不同交通工具之间存在很大的价格差异，所以，交通工具的费用是必须考虑到的因素。一般来说，飞机、汽车、动车较贵，而普通火车与船较便宜。可以根据自身经济条件有选择性使用。

（4）舒适度：较为舒适、便于游览的交通工具可以缓解旅途的疲劳，为旅程加分。

（5）灵活性：什么是可行性？即为自己的交通工具选择和旅游计划制定备案和补救措施，毕竟因出现航班、车次的变更而影响旅行计划实施的情况并不少见。

34 自驾出游如何把交通事故的风险降到最低？

（1）出发前先去检测汽车。

出行前，车主们要先将汽车开去做详细检测，现在很多车行都提供免费的检测，比如说有的车行是 12 项、7 项等免费检测。

(2)出行前要带上地图。

现在很多车上都有导航,但是导航不一定是新版,因此,最好是随车带上一张地图,以便导航找不到时,地图能起作用。另外,导航最好是先去做一下升级,升到最新版面,避免到时候走弯路。

(3)出游路线要先规划。

出游前,路线要规划好。车主们要多关注高速公路上的电子屏,再或是听听交通台,一定要关注出行信息,合理地选择出行的时间,并要制定一份出游路线的规划书,对出游的线路、住宿、饮食等都要做到详细的安排与计划。

(4)装备要齐全。

既然是自驾游,就要带齐装备,如汽车的备用胎、拖车绳、蓄电池连接线、三角停车警告牌、急救的药包,以及换洗的衣服等,都要准备好。另外,出行前一定要备好相关证件、通讯设备等。

(5)不要疲劳驾驶。

出游时上了高速,由于路况较好,很多司机都会一直往前开,这样是不好的习惯,要记得行驶一定时间后,就要进服务区去休息一下。汽车也需要休息一下,因为轮胎长时间行驶后也会发热,所以也需要停下来休息。

35 步行的时候被跟踪该如何处理？

如果是在步行时候遇到跟踪的，千万不可慌不择路，走入无人或黑暗幽静的巷道，你可以在无车时不经斑马线、地下道等而直接穿越大马路，然后检视对方是否一样跟随，如果不法分子仍然跟了上来，那么你可以混杂在购物人潮中，借人群来掩护而脱离跟踪，也可以在公交车站或地铁站等地方，随便有一辆车进站后立刻入内，最好马上走到另外的一个车门边上，在车门将要关闭前立刻下车摆脱跟踪者。

如果以上的条件都不具备的话，躲进路边店铺里面，并打电话报警。

36 独自驾车出行时如何防止被跟踪？

在骑车驾车的时候发现有人跟踪自己，需要根据情况的不同而采取不同的应对措施。如果是在白天，且人多的时候，直接将车驾驶到派出所停车。一般情况下，跟踪的人便会掉头走人了。如果他还尾随你的话，直接报警。如果离派出所比较远或者在陌生的地方不知道派出所在哪里时，应该立刻向商店、银行等寻求帮助。

需要注意的是，一些犯罪分子会采取假车祸事故来吸引受害人的注意，甚至直接在受害者身上制造车祸，同时要注意提防假车祸。当对方跟踪不成功的时候，可能会采取一些假车祸假事故之类的事情吸引你的注意，甚至直接就在你身上制造车祸，假意送你求医让你上他的车。这时候最好以保持车祸现场为理由，伤势不轻的话应该直接叫出租车或救护车送你到医院。对方若坚持要开车送你，可直接挑明，质问对方是何居心，吸引围观人群的注意。

37 自驾车辆有翻车危险时该如何应对？

自驾游已逐渐成为人们出行游玩的一种主要的方式。然而，行车过程中一旦遇到危险，又有多少人懂得如何自救呢？一旦发现有发生翻车的可能，司机又应该如何应对呢？其实，在现实生活中，有很多的意外还是可以化险为夷的。

当司机感到车辆有很大可能会发生倾翻时，应在握紧方向盘的同时，两脚钩住踏板，使身体固定，随车体翻转。如果车辆侧翻在路沟、山崖边上的时候，应判断车辆是否还会继续往下翻滚。在不能判明的情况下，应维持车内秩序，让靠近悬崖外侧的人先下，从外到里依次离开。否则，车辆产生重心偏离，会造成继续往下翻滚。

如果车辆向深沟翻滚，所有人员应迅速趴到座椅上，抓

住车内的固定物,稳住身体,避免身体在车内滚动而受伤。翻车时,切不可顺着翻车的方向跳出车外,正确的做法应该是向车辆翻转的相反方向跳跃。若在车中感到将被抛出车外时,应在被抛出车外的瞬间,猛蹬双腿,增加向外抛出的力量,以增大离开危险区的距离。落地时,应双手抱头顺势向惯性的方向滚动或跑开一段距离,避免遭受二次损伤。

车辆在行驶中一旦刹车失灵,乘客绝不能盲目跳车,因为驾驶员会减挡降低车速。如减挡失败,驾驶员应将车辆开到靠近山体的一边去,必要时用车体侧面与山体刮撞,乘客应该抓紧车内的固定物,以减轻对人体的伤害。

38 夏季女性乘坐公交车如何防色狼?

公交"色狼"往往会具有以下几种基本的特征和类型:即贴身型,通常会有意无意地挤来挤去,故意贴近身边女子;假寐型,这类色狼往往才是真正的"咸猪手",顶级色狼,无论是站着还是坐着,真睡还是假睡,往往不是往女孩子肩膀上靠,就是往女孩子身上贴;暴露型,外表穿着体面,却会突然对女孩敞开衣服,露出自己的隐私部位,甚至直接解开裤子,趁女孩经过时大胆露阴做猥亵动作。总之,无论遇到哪种类型的色狼,都是非常尴尬和令人气愤的事情,作为女孩子一定不能因为羞涩就让色狼逍遥法外,大胆地喊出来,并给色狼点

第二章 安全出行

颜色看看才是正确的维权途径。

随着夏季气温的不断升高,女孩们出行时穿着在不断减少,公交车上被骚扰的事件频繁地发生和报道,各种防狼手册、防狼攻略也随之出现,被很多的公交女孩所青睐。那么,在现实生活中究竟有哪些防狼的好办法呢?

首先,女性朋友乘坐公车时,一定要注意坐姿,切勿走光,给色狼以可乘之机,落座后最好用背包、杂志、报纸等物品进行遮挡。

其次,穿着切不可过于暴露,不要给色狼以误导性的暗示或者诱导。保持干净整洁的着装,色狼自然不敢轻易靠近。

最后,如果不幸被色狼骚扰,切不可忍气吞声,一定要大胆地进行反抗,用眼神震慑对方、用声音吓唬对方,必要时还可以利用自己的鞋跟狠狠地踩他的脚。

总之,夏季炎热天气,人们出行时穿着较少,很容易给乘坐公交车的色狼以可乘之机。故广大女性朋友一定要注意自己的着

装和坐姿,必要时与色狼决斗到底,不可熟视无睹,任由其胡作非为。

39 如何穿戴救生衣？

海水中或者河水中,我们在自救或者救助他人于危难时,通常都会穿着救生衣。救生衣根据适用对象的不同,而将其划分为成人救生衣和儿童救生衣两种类型;根据工作原理不同,将其划分为普通救生衣和充气式救生衣两种类型。那么,救生衣是不是就像我们的衣服一样,随随便便就能够穿上的呢? 如果不是,又应该怎样来穿戴救生衣呢?

在这里首先要提醒大家的是,救生衣是有正反两面的。有的救生衣,正反两面穿用皆可,而有的救生衣就只能正面穿着。例如,在那些仅在一面配置了救生衣灯、反光膜的救生衣,若把有灯的一面穿在里面,灯光就发挥不了作用。此外,要将带子打死结,扣子等紧固件要扣紧,以防在水中漂浮时间过长后产生脱落。

穿戴救生衣的基本流程是,以气胀式救生为例:将救生衣套在颈上,把两长方形浮力袋放置胸前,缚好颈带;将缚带向下收紧,再向后交叉;最后,将缚带拉到前面穿过扣带环扎紧即可。总之,穿戴救生衣并不难,关键是在平时要对其有所了解,以防临阵发蒙。

40 紧急情况下如何使用车内安全锤？

出门在外难免发生一些紧急情况，面对驾车途中的种种意外，很多车主都会为爱车准备各种应急用品，而汽车救生锤就成了每个车主必备的应急工具。但是很多车主却不知道汽车救生锤的正确用法。为了帮助大家遇到危险尽快逃生，下面小编就为大家介绍一下汽车救生锤的正确使用方法：

方法1：在使用救生锤时，要把四指并拢握住把柄，大拇指在外贴紧中指。握的时候要握紧了，手不能发抖。

方法2：车主在使用于多合一的救生锤时，握法和握手电差不多，但要注意握救生锤的应急爆闪灯的位置，即锤子的最后面，这样在敲击玻璃时才能用上劲。

方法3：如果我在使用救生锤时，发现被安全带束缚住了，那么我们就要使用应急断绳刀了，要快速地把安全带割断，再去敲碎玻璃。

方法4：用救生锤敲击玻璃时，用力要均匀，不能用蛮劲，而且在敲击时要用"巧劲"多敲击几次。

方法5：当遇到紧急情况时，车主千万不要拿着逃生锤乱敲，这样非但敲不碎玻璃，反而耽误时间。应该找准玻璃的四个角，大约距离窗框5厘米左右，在这四个区域附近敲击能

很快把玻璃敲碎。注意要先按着一个点敲击,等彻底把玻璃敲开了再敲击其他的点。或者敲碎一点后如果玻璃出现较大的洞,可以用脚把玻璃踹碎。另外在很多公共汽车玻璃上都贴有"紧急时敲碎安全玻璃"字样,用逃生锤敲击这个标示也能快速敲碎玻璃。

方法6:如果是黑天遇到紧急情况,车主最好要先打开救生锤的应急爆闪灯和手电,从而给救援人员提供信号。

第三章　交通事故

41　交通事故处理流程是怎样的？

随着人们生活水平的提高,道路上的自驾车数量也越来越多,行车安全也随之成为人们关注的焦点之一。不超速、不违规、不酒驾,成为每一个司机都应该遵守的基本交通规则。然而,即便如此,道路上还是会不可避免地发生各种各样的交通事故。那么,如果驾驶的车辆在马路上发生意外事故,要怎么处理呢？接下来,就和小编一起来了解一下道路交通事故的处理流程吧。

（1）现场勘查。

交通事故发生后,如果当事人对交通事实及成因没有争议,可自行撤离现场,自行协商损害赔偿事宜。如果双方未就交通

事故的发生事实和成因达成一致,必须要保护好现场,等待交警和保险公司前来勘察事故现场。当然,首先还是要报告公安机关,此后交警便会以最快的速度前往事故发生地点。

(2)责任认定。

在调查阶段,如果有需要可以传召事故当事人举行听证。在查明事故基本事实之后,理应按照规定依法作出责任认定。在责任认定公布时,相关部门必须召集各方当事人到席,说明交通事故的基本事实和认定责任的理由与依据。如果当事人不服,可以在规定时间内进行责任的重新认定,并告知当事人申请重新认定的权利和法律时效。

(3)采取相应的处罚措施。

一旦交通事故责任认定确立之后,相关部门将对责任当事人作出处罚意见呈送领导审批。根据领导作出的处罚决定填写处罚裁决书,向责任人宣布处罚裁决,并执行相应处罚决定。

42 交通事故赔偿调解的注意事项有哪些?

交通事故一旦发生,其解决途径往往包括双方私了或者报案两种途径。后者在进行调解的过程中往往会涉及到一些基本的常识问题,需要广大的驾驶员朋友加以注意。

(1)保存好相关证据。要求驾驶员朋友在发生交通事故之后,及时收集与损害赔偿相关的证明、票据等各种资料,并做好影像、照片等资料的保存。

(2)在损害结果确定之后,务必在规定时间内组织双方当事人进行赔偿调解。需要注意的是,组织调解次数最多为两次。

(3)一旦调解成功,立即将《调解书》送交至双方当事人,请双方当事人签字确认。

(4)倘若调解失败,同样也必须填写《调解终结书》,送交至双方当事人,并告知当事人可在法定时效内向人民法院提起民事诉讼。

43 机动车与非机动车出现纠纷应如何解决?

非机动车事故不同于机动车事故,非机动车没有很好的保护措施,容易造成人员受伤。从某种意义上讲,非机动车驾驶人员相对于机动车驾驶人员来说是属于弱势群体的。那么,一旦机动车与非机动车发生摩擦,该如何处理呢?下面将在借鉴相关权威专家解答的基础上,进行总结概括,和驾驶员朋友们一起分享。

(1)双方当事人协商解决,也就是所谓的"私了"。如果

非机动车损失较小,并且没有涉及到人员伤亡,双方仅仅是受到了很小的擦伤,并且双方对此次交通事故认定没有争议,可以考虑私了。

双方协定之后一方给予相应的赔付,然后各自修车(根据法律规定,只要非机动车不是故意为之,机动车都要承担一定的责任)。需要注意的是,如果双方通过私了的方式解决本次交通事故,需要草拟并签署一份《交通事故私了协议书》,以备不时之需。

(2)报案。如果机动车与非机动车发生剧烈碰撞,造成重大经济损失,并涉及到严重的人员伤亡,亦或者是双方对此次交通事故责任判定存在争议,无法达成一致的,一定要在保护现场的前提下,立刻向交警和保险公司报案,并及时将受伤人员送往医院进行救治。

总之,不管是上述哪一种情况,如果有人员受伤一定要及时送到医院,即便是轻伤私了,也要在医院做完检查之后,再行考虑其他事宜。

44 机动车与行人发生交通事故,在处理过程中应该注意哪些问题?

(1)事故发生后应及时报警,依据伤者情况决定是否拨打120电话,切不可挪动事故车辆,否则现场破坏责任难以认定。

第三章 交通事故

（2）事故发生后,作为肇事方的心态是希望尽快结案,但切记不要和行人私下了结。一旦私了,无交通事故责任认定,保险公司无法赔偿。一旦对方继续纠缠,将带来不必要的损失和麻烦。

（3）在附近有车辆能帮助救护伤者的情况下,若伤者神智清醒,可征求其本人意见去哪个医院救治。一旦伤者住院后,自行提出转院时,由于你作为肇事方毕竟怀有歉意感,在没有医院转院证明的前提下,若你答应了伤者转院,会给你带来较大的经济损失,因为保险公司对第二个医院的治疗费用会拒绝理赔。

（4）交通事故发生后,将会面对为伤者预交急救医疗费用的问题。此时责任尚未认定,但目前的做法是由驾驶者先行垫付,这样的方法可能会给驾驶

者带来后期的经济损失,这也是目前处理伤人交通事故的弊病之所在。

（5）交通事故结案时,若驾驶者有一定的责任,则需按责任比例给对方当事人进行赔偿,依据《道路交通事故处理办法》和《道路交通事故处理程序规定》,需要对伤者的医疗费、误工费、伙食补助费、护理费等进行赔偿。

45 交通事故处理需要注意哪些问题?

首先,把生命意识放在第一位,积极查看是否有人员受到伤害。如果有人员受伤,一定要及时送往医院。即便伤势不严重,也最好能够去医院检查一下,留下交通事故的证据。因为有很多的潜在伤害并非当时就能够看出来的,比如说腰伤、脑部受伤等。

其次,如果双方未就交通事故的责任划分达成一致,需要报案的话,一定要在48小时内及时告知保险公司。否则的话,在48小时之后,保险公司很可能就不会再受理,尤其是非机动车事故、人车事故。

最后,无论是大小交通事故,一定要注意保存好证据。在发生事故之后,不要贸然移动事故现场,要及时拍照取证,以备后期的责任认定。

46 交通事故中的责任划分的标准是什么?

通常情况下,交通事故发生后,如果当事人选择报案,那么,公安机关会在查明交通事故事实及成因后,根据当事人的违章行为与交通事故的损害后果,确定当事人的交通事故责任。

倘若驾驶人员有违规违章行为,并且其违规违章行为与交通事故有直接的或者间接的因果关系,则应当负交通事故责任。相反,如果驾驶人员没有违规违章行为或者虽有违章行为,但违章行为与交通事故无因果关系的,则不负交通事故责任。

交通事故责任的认定应当遵循行为责任原则、因果关系原则、安全原则和结果责任原则四个方面的内容。

(1)行为责任原则,是指当事人若要对某一起交通事故负有责任,必定是因为其行为引起了此次交通事故。没有实施行为的当事人不负事故责任。

(2)因果关系原则,根据《交通事故处理程序规定》第四十五条第一款的规定,认定交通事故责任时,必须认定哪些行为在事故中起作用及作用的大小,这就决定了侵权当事人应该承担全部责任、主要责任还是次要责任。

(3)安全原则,即驾车当事人是否履行了合理避让、合法行驶的义务,如果没有,那肯定是要承担相应责任的。

(4)结果责任原则,即行为人的行为虽未导致交通事故的发生,但加重了事故后果,也是应当担负交通事故责任的。

47 交通事故责任认定书一般多长时间能够出来?

公安机关交通管理部门应当自现场调查之日起十日内

制作道路交通事故认定书。交通肇事逃逸案件在查获交通肇事车辆和驾驶人后十日内制作道路交通事故认定书。对需要进行检验、鉴定的,应当在检验、鉴定结论确定之日起五日内制作道路交通事故认定书。需要进行检验、鉴定的,公安机关交通管理部门应当自事故现场调查结束之日起三日内委托具备资质的鉴定机构进行检验、鉴定。尸体检验应当在死亡之日起三日内委托。

公安机关交通管理部门应当与检验、鉴定机构约定检验、鉴定完成的期限,约定的期限不得超过二十日。超过二十日的,应当报经上一级公安机关交通管理部门批准,但最长不得超过六十日。公安机关交通管理部门应当在收到检验、鉴定报告之日起二日内,将检验、鉴定报告复印件送达当事人。

当事人对检验、鉴定结论有异议的,可以在公安机关交通管理部门送达之日起三日内申请重新检验、鉴定,经县级公安机关交通管理部门负责人批准后,进行重新检验、鉴定。重新检验、鉴定应当另行委托检验、鉴定机构或者由原检验、鉴定机构另行指派鉴定人。公安机关交通管理部门应当在收到重新检验、鉴定报告之日起二日内,将重新检验、鉴定报告复印件送达当事人。重新检验、鉴定以一次为限。

48 车辆被刮擦应如何处理?

车辆行驶过程中,尤其是在春运等高峰期,在拥挤的道

第三章　交通事故

路上发生车辆意外刮擦是司空见惯的事情。那么,如何正确地对待车辆刮擦事件,在有效保护双方当事人合法权益的前提下,和谐地解决问题呢?牢记以下要点,让你平和地处理车辆刮擦事故。

(1)立即靠边停车,查看车辆刮擦状况。

一旦车辆之间发生刮擦事故,应立即选择较合适地点靠边停车。停车后,开启紧急报警灯、拉下手刹、关闭车辆引擎。如在夜间还要打开尾灯,在高速公路上则还需在车后规定距离放置危险警告标志。

(2)视人员损伤情况,决定是否报警。

生命优先,车辆停靠后,首先要确认双方人员安全状况。根据新《道路交通事故处理程序规定》的有关规定,若刮擦事故中,人员人身安全受到损害,应当立即报警。对于不属于新《道路交通事故处理程序规定》第八条规定的必须报警的八种情形的,当事人可以选择自行达成协议,快捷处理。

(3)现场取证,积极应对。

充分利用现有的取证工具,例如手机、数码相机等工具记录交通事故现场情况,及时对刮擦部位、车况进行记录。经验丰富的老司机一定知道,在拍照时一定要对车前侧、车后侧、碰擦部位等进行多角度拍摄。而且,拍摄画面中最好要有反映双方当事人都在现场的取景。

(4)记录车辆、驾驶人员基本信息。

记录双方车辆信息与车主信息。记录下双方车牌号、驾

驶证、行驶证、保险证等等信息都是必要的。

(5)责任认定要明确。

判定责任,达成协议。常见情况有:未保持安全距离,追尾前车的,后车担责;机动车变更车道,影响正常行驶的车辆的,变更车道方担责;有交通信号灯控制的交叉路口,正常放行的车辆转弯未让直行车先行的,转弯车担责;没有交通信号灯的交叉路口,未让右方道路来车先行的,未让方担责等等。根据规则迅速判定责任,达成协议。

总之,驾龄丰富的老司机一定对这些基本的交通事故处理手续都有一定的了解,想必不会太紧张。这里主要是想提醒驾车领域的"新手",碰到类似情况时,千万不要紧张,冷静对待,合理取证是维护自身合法权益的重要途径。

49 车辆被盗怎么办?

首先,机动车被盗已经构成刑事立案的标准,你可以到车被盗辖区的派出所及时办理报案手续,并在24小时内向公安刑侦部门(110)报案;

其次,如果您购买了车辆盗抢险,务必要在第一时间联系保险公司报案。当然,保险公司理赔是要根据公安机关出具的车辆被盗证明才可以给予理赔的。因而,不管怎么样,还是要向公安机关报案的。

第三章 交通事故

这里需要注意的是,大多数情况下,被盗车主需要在案件发生地的市级报刊刊登寻车启事,并保存当期报纸。如果在车辆丢失后的3个月内尚未侦破案件,可以到车辆管理部门开具未破案证明。

最后,就是车辆损失估算环节了,也是获得索赔的一个重要环节。在被盗抢3个月之内找回车辆,车辆归被保险人的,保险公司按实际修复费用进行赔偿;在车辆被盗3个月后仍未找回时,保险公司根据条款规定,按车辆出险当时的实际价值(即该车出险当时的新车购置价减去该车已使用年限的折旧额)赔偿,并实行20%的绝对免赔率。

需要注意的是,如果被保险人不能提供行驶证、购车原始发票、附加费凭证,每少一项,增加0.5%的免赔率。保险公司理赔后,如果被盗车辆又找回来,保险公司可将车辆返还给保户,并收回相应的赔款;如果保户不愿收回原车,则车辆的所有权归保险公司。

50 为什么交通事故中机动车要多承担责任?

尽管事故责任划分与赔偿责任划分不能等同,只要有证

据突破交警部门的事故责任认定结果,法院完全可以不依该认定结果来分配赔偿责任,但司法实践中,法院在处理机动车之间的道路交通事故损害赔偿纠纷中,一般不会轻易突破事故责任认定结果。而在机动车与非机动车及行人之间的交通事故中,法院通常会在事故责任认定的基础上,减轻非机动车或行人的责任,而加重机动车一方的赔偿责任,体现了司法的人文关怀,对机动车一方苛加了更为严格的注意义务。对于对事故发生负同等责任的双方,法院一般会将机动车一方的赔偿责任加重至七成或八成,非机动车或行人一方仅需承担次要赔偿责任。

机动车相对于非机动车、行人而言是相对高速运输工具。民法通则第123条规定,运用高速运输工具等作业对他人造成损害应承担民事责任。据此机动车要多承担一些赔偿责任。《道路交通安全法》明确了在非机动车、行人有过错的情况下,机动车一方仍按比例承担赔偿责任。这样既侧重保护交通事故受害人的合法权益,又较好地体现了公平原则,同时也增强了法律的可操作性,还可以统一全国各地机动车责任比例标准。

 51 哪几种情况下会被吊销机动车驾驶证?

有下列交通违法行为,公安机关吊销机动车驾驶证,且两年内不得重新考取：

（1）因饮酒驾驶机动车被处罚，再次饮酒后驾驶机动车的，处十日以下拘留，并处一千元以上两千元以下罚款，吊销机动车驾驶证；

（2）违反道路交通安全法律、法规，发生重大交通事故，构成犯罪，依法追究刑事责任的，吊销机动车驾驶证；

（3）驾驶拼装的机动车或者已经达到报废标准的机动车上道路行驶的，公安机关应当予以收缴，强制报废。对驾驶人处二百元以上两千元以下罚款，并吊销机动车驾驶证。

（4）道路交通违法行为人应当在十五日内到公安机关交通管理部门接受处理，无正当理由逾期未接受处理的，吊销机动车驾驶证。

有下列交通违法行为，公安机关可以吊销机动车驾驶证，两年内不得重新考取：

（1）将机动车交由未取得机动车驾驶证或机动车驾驶证被吊销、暂扣的人驾驶的，可以吊销机动车驾驶证。

（2）机动车行驶超过时速百分之五十的，可以吊销机动车驾驶证。

 52 保险费的缴纳数额与交通事故的危害程度有关吗？

车主的交强险保费并不是一成不变的，其保费额度与交

通事故的发生频率有一定的关联,但也并不是所有的交通事故都会影响车主的交强险保费。一般情况而言,交强险的保费与车主的出险情况直接挂钩,但并不是所有的事故都将受影响,车主在交通事故中是否有过错以及过错程度的大小决定被保险机动车保费是否上浮。

在具体的流程操作过程中,所有保险公司出具交强险保单必须通过信息库,获取交强险出单确认码方能出单。自车主投保之日起,所有的数据都要经过强制保险信息库,在交强险生效的一年中,投保人的所有违法事故记录也将由交管部门输入该系统,输入信息库的记录将成为明年确定不同客户交强险保费的依据。掌握到这些信息后,交强险的保费便会根据被保险车辆所发生交通事故的情况而定,往往第二年保费最高上浮的幅度将高达200%,最大下浮幅度是37%。

实行交强险后,在车辆发生碰撞时,不论有没有责任,车主都可以从保险公司获得赔偿。但如果车主的出险次数过多,理赔频繁,并且在事故中所负的责任比例大,保险公司就将在下一年车主续保时上调交强险保费。因而,车主万不可因为有保险公司为之提供保障,就忽略道路驾驶的一些细节问题,不管怎么样还是要谨慎驾驶,尊重生命。因而,在这里建议广大车主,如果发生事故损失金额较小,最好衡量后再决定是否向保险公司索赔,避免由于理赔次数过多,造成保费上浮。

第三章 交通事故

53 交通肇事后逃逸该如何处置？

道路交通肇事逃逸案是指发生道路交通事故以后，机动车驾驶员或其他事故当事人为逃避追究法律责任，不向公安交通管理机关报案，故意驾车或者弃车逃离事故现场的案件。及时、正确处置好交通肇事逃逸现场，是决定交通肇事逃逸案件是否侦破的重要条件。

交通肇事后逃逸的现象应该说是比较常见的，往往发生在阴雨、雾天和雪天天气，且多发生在夜晚，驾车司机出于恐惧心理，为逃避法律制裁而驾车逃逸。当然，这其中也并不乏道德水平低下、法制观念淡薄的驾驶员，为逃避法律责任而抱有侥幸心理，酒驾、无证驾驶等都可能成为其逃逸的重要原因。

但是，不管怎么样，发生交通事故后，拒绝积极救助伤员，驾车逃逸的都应该承担相应的法律后果。只是，承担法律责任的大小与当事人所造成的危害结果相关。一般情况下，因为交通肇事后逃逸

会"处三年以上七年以下有期徒刑"。若因为逃逸致人死亡，则应当"判处七年以上有期徒刑"。因而，司机驾车出行一旦发生交通事故，切不可抱有侥幸心理，第一时间对伤者进行救治并拨打110电话，才是挽救的最佳途径。

第四章　交通事故处置

54　出险后如何联系保险公司？

出现交通事故后首先要做的就是及时报案,除了向交通管理部门报案外,还要及时向保险公司报案。那么,出险后车主该如何联系保险公司呢?

(1)报案方式:车主在出险后,可以选择电话报案、网上报案、到保险公司报案和理赔员转达报案等几种途径。如果事情紧急的话,选择电话报案应该是比较高效的。需要注意的是,保险事故发生后,车主理应在24小时之内向派出所或者刑警队报案,并在48小时内通知保险公司。

(2)理赔周期:被保险人自保险车辆修复或事故处理结案之日起,3个月内不向保险公司提出理赔申请,或自保险公司通知被保险人领取保险赔款之日起1年内不领取应得的赔款,即视为自动放弃权益。

车辆发生撞墙、台阶、水泥柱及树等不涉及向他人赔偿

的事故时，可以不向交警等部门报案，及时直接向保险公司报案就可以。在事故现场附近等候保险公司来人查勘，或将车开到保险公司报案，验车车辆移出现场前一定要经保险公司同意，并且拍照片保留证据，否则的话很难得到保险公司的赔付。

在这里需要提醒大家的是，拍照取证也是有很多技巧的。车主不仅要注重所拍照片的清晰度，还必须要顾虑到所拍照片的全面性和角度，务必使照片能够清晰反映事故发生的原因以及受损部位。理赔人员所拍的照片要有当天日期。此外，照片要包括全车损失照、车架号码、发动机号码等等。如果车主能够掌握这些拍照取证技巧，那么理赔过程会轻松很多。

（3）车主在理赔时的基本流程：第一，出示相关证件，包括保险单、行驶证、驾驶证、被保险人身份证、保险单以及出险报案表等相关证件。第二，填写相关资料，包括出险经过的填写、报案人和驾驶员联系方式的填写。第三，理赔员进行车辆外观检查和拍照取证。第四，交付维修站修理，在这个环节中理赔员开具任务委托单确定维修项目及维修时间，只要车主签字认可，便可立即将车辆交于维修站维修。最后，等待着保险公司的理赔就好了。

55 挂靠车辆发生碰撞后,挂靠单位是否承担责任?

日常生活中,不少从事机动车辆营运的行业主出于行驶便利、经济实惠、快捷方便等原因,将私有机动车辆挂靠在某个单位。这样的话,一旦发生交通事故,很容易会产生赔偿责任主体不明的问题。在若干的此类纠纷案件中,当事人首先要明确被挂靠单位是否收取挂靠费用,如果收取挂靠费用,则彼此之间产生了管理行为合同,挂靠单位需要承担责任。只有弄清楚这一点,才能够更好地维护自身合法权益。

判断挂靠单位是否承担责任,是否将其列为共同被告,往往根据"运行支配"和"运行利益"这两个标准来确定交通事故损害赔偿的责任主体。运行支配者,是指谁在事实上对车辆的运行具有支配和控制的权利,既包括具体的、现实的支配,如车辆所有人自主驾驶、借用人驾驶乃至擅自驾驶的情形;也包括潜在的、抽象的支配,如车主将车辆借给他人、租给他人驾驶的情形等。运行利益的归属,是指谁从车辆运行中获得利益。这种利益包括因机动车运行而取得的直接利益,也包括间接利益,以及基于心理、感情因素而发生的利益,比如精神上的满足、快乐、人际关系的和谐等。

国内外对于此类纠纷的解决,也主要是看挂靠单位是否在事实上对机动车和其运行中位于支配管理的地位,以及是

56 死亡赔偿金的数额及其计算方式是什么?

死亡赔偿金,也称死亡补偿费,是指因受害人的死亡给其家庭以及其亲人带来物质上和精神上的巨大损失,是对他人利益的一种严重侵害,是道路交通事故的严重后果,应当给予赔偿。死亡补偿费不是对死者本身失去生命的赔偿,生命无价,也无法予以赔偿。立法上设立死亡补偿费的目的在于安定死者家属的生活,抚慰死者家属所遭受的精神创伤,弥补死者家属所受到的相应的财产损失。由相关责任人按照一定的标准给予死者家属的一定数量的赔偿。那么,死亡赔偿金的数额到底是多少?有没有什么范围限制呢?

关于死亡赔偿金的赔偿额度确实是有一定的规定的,例如在《最高人民法院关于审理人身损害赔偿案件适用法律若干问题的解释》第二十九条中明确规定,"死亡赔偿金按照受诉法院所在地上一年度城镇居民人均可支配收入或者农村居民人均纯收入标准,按二十年计算。但六十周岁以上的,年龄每增加一岁减少一年;七十五周岁以上的,按五年计算。"

如果按照上述方式来计算死亡赔偿金,那么其最终的获得额度,将会根据本地区上一年度的人均可支配收入以及受

第四章 交通事故处置

害者的年龄加以估算。如果被害人的所在地区、年龄不同,那么最终获得的死亡赔偿金数额也将会不同。另外,需要提醒大家的是受诉法院所在地与事故责任人所在地一般是同一的,而城镇居民人均可支配收入和农村居民人均纯收入按照当地政府统计部门公布的上一年度相关统计数据确定。

最后,向大家介绍一下死亡赔偿金的计算公式,一般情况下,死亡赔偿金=事故责任人所在地上一年度人均收入×20年。

57 车祸事故后的黄金 1 小时可进行哪些应急处理?

紧急救治 1 小时、黄金抢救 1 小时,听到这些术语,人们很容易就会意识到事故发生后,能够得到及时的抢救是多么的重要。1 小时之内,患者的生命会存在希望;错过了抢救的最佳时期,哪怕仅仅就是 1 个小时,患者也会与生命擦肩而过。因而,在医学上将车祸后的 1 小时称之为急救黄金 1 小时。在这个黄金时段,对于所有重伤患者必须在医务人员到来之前做一些简单而有效地救治。

而这种对重伤

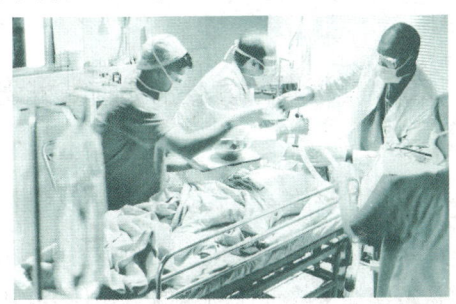

患者进行种种简单的救治,也是要对车祸后事故中的重伤有一定的了解的。例如大出血、昏迷或者脊髓损伤等。那么,碰到这些情况,我们应该如何对其进行简单救治,以延续其生命呢?

大出血:必须立即就地止血,因为中小动脉出血短则几分钟,长则十几分钟即可致命。可将衣服撕成布条作止血带,在出血部位的上方绕一圈打结,再在布带圈内插一小木棍绞紧布带圈起到压迫止血的作用。前臂大出血者,应扎在肘关节的上方;上臂大出血者,应在肩关节下方;小腿大出血者,应在膝关节上方;大腿大出血者,应在大腿根部。

昏迷:可轻手轻脚地把昏迷者搬到平坦的地方,让其侧卧并且尽量向后仰,保持这种体位至少可以使呼吸道处于开放状态,同时注意保暖。

脊髓损伤:需要特别注意的是始终保持伤员处于水平位移动,在搬动过程中尽量不要让伤员最痛部位的脊柱向前弯。

58 交通事故发生后如何做好现场保护?

交通事故发生后,尤其是涉及到人员伤亡的重大交通事故,在对受伤人员进行现场施救的同时,保护好事故现场是认定交通事故责任归属的重要环节。现场保护处理的恰当,

第四章　交通事故处置

能够为事故原因的分析和事故责任的鉴定提供客观的现场依据。在这里的原始现场指没有遭到任何改变或破坏的现场。

在交通事故现场，任何单位和个人都有保护交通事故现场的义务。那么，交通事故的现场当事人该如何保护现场呢？

（1）检查现场情况，确保现场的范围并进行封闭保护，可用石灰、砂石、树枝、绳索等物将现场包围起来，禁止一切车辆和行人进入现场，直至交警人员到来。包围现场时，要尽量做到不妨碍交通。

（2）现场上任何微小的痕迹都关系着肇事责任的分析和鉴定。现场保护人员对已发现的尸体、血迹、刹车痕迹、遗留物等，均要加以保护。如果遇有下雨刮风等自然条件破坏，可用席子、塑料布等遮盖起来。如果当事人伪造现场或者逃逸现场，使交通事故责任无法确定的，根据《道路交通安全法实施条例》，应负全部责任，并处吊销机动车驾驶证。

需要提醒广大车主，在交通事故发生后，切不可为了逃避责任而伪造现场或者逃逸现场。因为，任何可能造成受害人死亡或者延误最佳救治时间的肇事司机，如果再加上伪造现场、逃逸现场的罪过，只能导致处罚力度更大，绝不会减轻处罚的。伪造现场指当事人为逃避责任、毁灭证据或达到嫁祸于人的目的，有意改变或布置的现场。而且，这样做也是徒劳的，因为公安机关会通过一定的技术手段进行现场恢

复,任何的事实掩盖都会有水落石出的一天。

59 发生交通事故该如何处理?

在道路上发生交通事故,车辆驾驶人应当立即停车,保护现场;造成人身伤亡的,车辆驾驶人应当立即抢救受伤人员,并迅速报告执勤的交通警察或者公安机关交通管理部门(拨打110或120电话报警)。因抢救受伤人员变动现场的,应当标明位置。对在道路上发生未造成人员伤亡且各方财产损失不超过2000元的交通事故,当事人对事实及成因无争议的,可采用快处快赔的方式处理交通事故。车辆可以移动的,按下列程序处理:

(1)当事人有条件的应当在确保安全的原则下对现场拍照(用手机或数码相机均可)或者标划事故车辆现场位置后,立即撤离现场,将车辆移至不妨碍交通的地点,再进行协商。

(2)对高速公路上发生的轻微交通事故,车辆可以自行移动的,驾驶人应当立即开启危险报警闪光灯,将事故车辆移至高速公路的应急停车带、收费广场、服务区等安全地点,自行协商处理;车辆不能移动的,驾驶人应立即报警处理。

(3)当事人互相核实对方的驾驶证、行驶证、身份证、保险凭证等证件,无疑问的,填写《交通事故快处快赔协议书》(下称《协议书》);发现有疑问的立即报警处理。

(4)当事人需办理保险理赔的,应向车辆所投保的保险公司电话报案。保险公司需要现场查勘的,应指引事故当事人在就近地点等候,查勘人员应详细告知双方索赔流程;不需要现场查勘的,保险公司应引导事故当事人共同到就近的理赔服务中心办理赔偿事宜。理赔前,双方当事人自愿的,可以互换车辆行驶证等有效证件。

(5)各方当事人应在事故发生后 2 小时内,一同驾车到交通事故快处快赔中心进行事故确认及确定车辆损失。因特殊情况不能按规定前往的,由双方约定在 24 小时内一同驾车到达快处快赔中心处理。

发生单方交通事故后车辆能够移动的,当事人应在标划事故车辆现场或用手机拍照现场后将车辆移至不妨碍交通的地方。仅造成本人财产损失的,当事人应向投保的保险公司报案,并按照保险公司的指引办理理赔事宜;造成他人或者公共财产损失的,当事人应当报警并听候处理。事故车辆不能移动的,当事人应当报警,由执勤民警到现场后处理交通事故现场。

60 实施交强险对车主有什么好处?

交强险是我国法律规定实行的强制保险制度,我国《机动车交通事故责任强制保险条例》规定:交强险是由保险公

司对被保险机动车发生道路交通事故造成受害人的人身伤亡、财产损失,在责任限额内予以赔偿的强制性责任保险。其中,并不包括本车内的乘车人员和被保险人。

车主在购买新车后,为了减少财产损失,增加行车保障,往往都会防患于未然,为爱车购买交强险。那么,为什么要交强险?如果不购买强险,又会面临哪些风险呢?在现实生活中,会存在各种不可预料的事情,一旦由于某种原因,发生交通事故,所发生的一切责任和费用都将由车主自己承担,保险公司是不会为您负责的。这么大的一笔开支对于车主而言,估计也不会是个小数目,甚至会是个天文数字,严重影响车主的财产安全。从这个意义上讲,降低财产损失,便是车主购买强险的第一个重要原因。车主购买交强险的第二大好处便是,提高驾驶人的道路交通安全法律意识,从而督促驾驶员安全行驶,让道路安全系数提高,也可以保护驾驶员的自身安全。

总之,建立交强险制度有利于道路交通事故受害人获得及时的经济赔付和医疗救治;有利于减轻交通事故肇事方的经济负担,化解经济赔偿纠纷;通过实行"奖优罚劣"的费率浮动机制,有利于促进驾驶人增强交通安全意识;有利于充分发挥保险的保障功能,维护社会稳定。

第四章 交通事故处置

61 哪些交通事故可以进行快速处理？

适用于快速处理办法的交通事故，主要分为两类，一类是一方全责一方无责的交通事故；另一类是双方负有同等责任的交通事故。

对于一方无责一方全责的这种事故，需要双方车辆被保险人当事人同时到全责方的保险公司进行报案、查勘和定损，之后可以按照保险公司的要求进行车辆的维修，包括理赔材料的提交，以至最后的领取赔款。

对于双方负有同等责任的交通事故，双方当事人任意的选择双方各自其中一方的保险公司，就可以为双方车辆同时来办理车辆定损，在定损以后双方可以持自己车辆的定损报告，到各自的保险公司去办理后续的理赔，后续的程序与一方全责一方无责基本上是一样的。

62 交通事故快速处理的流程是什么？

每个人都有可能会碰到交通事故，或轻微或严重。但是，不管是何种情况的交通事故，尤其是对那些可以进行快速处理的交通事故，其基本流程您是否知道呢？不管知道与

否,请一起来回顾一下有关交通事故快速处理的基本流程吧。

Step1:立即靠边停车,开启事故警示标志。例如开启危险报警闪光灯,如果是在夜间还须开启示廓灯和后位灯。在不挪动车辆的情况下需在车身后方50－100米处设置警示标志,以防二次事故。如果是在高速公路上,则警示标志放置位置应在车身后方150米处。

Step2:查看车损,初步判定责任。这个环节需要记下双方的车牌号和联系方式、查验证件,并确定是否需要交警处理。如果需要交警处理,则应尽快拨打122交通报警电话,同时责任方向保险公司电话报案。

Step3:如权责清晰,双方对事故认定一致,符合并认同快速处理,双方对事故现场进行拍照,如有需要,也可以摄像。拍照的要诀是:站得正、拍得全。站得正,就是要站在车辆前后方的正中间,不要斜着拍,角度偏离可能影响交警判断。拍得全,就是要把事故车辆的全景拍摄进去,尤其要把车道、标线等拍进照片。如果没有事故现场的照片,或者照片拍得不好,有可能导致事故无法认定。

Step4:在没有争议的前提下,双方填写快速处理协议书,包括填写事故时间、地点、双方车辆车牌号、驾驶者姓名、驾驶证号、保险公司、电话、保险公司报案号、事故情形、车辆损失情况、责任认定、双方签字。

63 机动车相撞责任该如何划分?

机动车辆发生碰撞,其责任划分往往会根据当事人的行为过错和由此而产生的危害结果,来判定当事人所应当承担的法律责任。如果因为当事人一方错误导致道路交通事故的,则当事人应该承担全部责任;如果双方都有责任,根据其行为对事故发生的作用以及过错的严重程度,来确定其承担主要责任、同等责任或者是次要责任;如果当事人双方均无导致交通事故的过错,则可以定性为交通意外事故,则双方均不承担责任;总之,只要是一方当事人故意造成道路交通事故的,他方无责任。

不管怎么说,分析机动车辆发生交通事故责任如何划分这个问题?首先需要明确的是,两车相撞是否属于违规违章问题,接下来再看一下,交通违章行为与交通事故之间是否存在一定的因果关系,从而来确定其应担负的交通事故责任。如果当事人有违章行为或者虽有违章行为,但违章行为与交通事故无因果关系的,也不负交通事故责任。而交通违章行为在事故发生中所起作用的大小,主要是根据路权原则和安全原则来判定的,而路权原则是认定交通事故责任大小的根本原则。

64 酒驾导致的交通事故该如何应对？

饮酒后驾驶车辆，并引发交通事故的，由公安机关交通管理部门约束至酒醒，吊销机动车辆驾驶证，并依法追究刑事责任，五年内不得重新考取机动车辆驾驶证。那么，酒后驾车发生交通事故后究竟应该如何处理才能够将损害降低到最小程度呢？

（1）发生交通事故必须保护现场，抢救伤者和财产。写出肇事详细经过的书面材料。造成财产损失的由公安机关作出车辆、物品损失评估。造成人员伤残的，由公安机关指定车主或主要肇事责任人预付伤者医疗费用，并出具伤势鉴定证明和医疗费用初步评估说明书。

（2）公安机关查明交通事故原因，轻微事故5日内，一般事故15日内作出责任认定。不服的15日后向上一级机关事故处（办）申请重新认定。肇事双方各出一至二人代表，到公安机关事故调解办参加调解。仅造成财产损失的，从确定之日起开始调解，期限为30天。带齐各种发票、票据、评估说明等证明材料。致伤的，从治疗终结或定残之日起开始调解，期限为30天。带齐各种票据、出院证明、身份证、伤残评定证等。严重致残的还加带家属情况证明、派出所出具的家属供养情况证明材料。

第四章　交通事故处置

(3)造成人员死亡的,从确定办理丧葬事宜之日起开始调解,期限30天。家属带齐各类票据、死亡证明、派出所出具的家属供养情况、家庭成员等证明材料。如若家属不能参加调解委托他人代理的,需出示委托代理的证明手续。

最后,双方当事人或者相关人经调解达成协议后,可签字结案,并由相关部门出具调解书、执行期限等字据。调解期满,经二次调解未能达成协议的或调解书生效后拒不执行的、公安机关终结调解,由当事人向人民法院提出民事诉讼。

65 您怎么看待交通事故中的无过错责任？

过错责任原则,是指当事人的主观过错是构成侵权行为的必备要件的归责原则。过错是行为人决定其行动的一种故意或过失的主观心理状态。

适用过错责任的意义包括以下几个方面:

(1)在一般侵权中,只要行为人尽到了应有的合理的注意义务,即使发生损害也不负赔偿责任。

(2)在过错责任下,对一般侵权责任实行"谁主张谁举

证"的原则。

(3)适用过错责任原则时,第三人或受害人的过错对责任承担有重要影响。

其中,机动车与非机动车驾驶人、行人之间发生交通事故,造成人身伤亡、财产损失的,无论受害人是否有过错,都可以获得机动车第三者责任强制保险;机动车与非机动车驾驶人、行人之间发生交通事故的,首先推定机动车一方承担责任;只有在有证据证明非机动车驾驶人、行人有过错的,根据过错程度适当减轻机动车一方的赔偿责任;即使是机动车一方没有过错的,也要承担不超过百分之十的赔偿责任。

第五章　紧急救治常识

66　蜜蜂蛰人后该如何处理？

从教科书中得知蜜蜂是勤劳的象征，我们在形容一个人勤劳的时候，往往会说"您真是一只勤劳的小蜜蜂"。听过这么多的褒奖之后，也需要留意了，大自然中的蜜蜂偶尔也是会伤人的，尽管蜜蜂一般不会主动攻击人类。如果一不留心被蜜蜂给蛰了，也是一件非常严重的事情。那么，面对这种情况，我们该如何处理呢？

通常情况下，被蜜蜂蛰过之后，会有疼痛酸楚的感觉，而这种疼痛是非常难受的，就像是被蝎子给蛰过一样。严重者还会伴有头疼、恶心、呕吐、烦躁、发烧等症状，如果出现这些问题，必须立即送往医院进行治疗。如果没有这么严重，仅仅是被家养的小蜜蜂给蛰了，局部的疼痛，只需要涂点碱性肥皂水即可，相信很快就会好的。如果实在受不了，也可以吃点止痛药，毕竟还是会疼的。

在这里大家一定要区分开蜜蜂、黄蜂与毒蜂。如果被黄蜂蛰了,就不能用碱性物质冲洗了,而是应该采用酸性处理的方法加以中和;而如果碰到的是毒蜂,一定要先剔出伤口内的断刺,接下来再涂抹一些氨水、小苏打水或者是肥皂水之类的东西。总之,不管是被哪类蜂种蛰了,只要感觉到很不舒服,则一定要前往医院进行处理,切不可放置不管。

67 酒精中毒该如何救治?

俗话说得好,酒逢知己千杯少。亲朋好友聚餐,难免都会多喝几杯。然而,若无所顾忌,难免会酩酊大醉,导致酒精中毒。研究表明,空腹饮酒时,酒精每小时的吸收率高达60%,每两小时的吸收率高达95%。如此多的酒精被人体吸收后,作用于大脑皮层,起初可能表现为兴奋,随后便可能会影响血管运动中枢并抑制呼吸,严重者会导致肝损害、呼吸衰竭。

说到这里,我们可以简单地将酒精中毒分为三个阶段,分别是轻度酒精中毒、重度酒精中毒和过敏体质酒精中毒。其中,轻度酒精中毒的症状为说话滔滔不绝,喜怒无常,面色潮红或者发白,伴有恶心等。如果是轻度的酒精中毒,只要让中毒者静卧,注意保暖,并给予浓茶或者咖啡饮用即可。重度酒精中毒往往表现为呼吸缓慢、心跳加快,并伴有昏迷抽搐等症状。如果是带有重度酒精中毒的症状,则应立即用筷子或者其他物品压住舌头进行催吐,然后用1%的小苏打溶液洗胃。如有必要,则应立即送往医院进行救治。

68 如何有效地处理烫伤?

在日常生活中,被开水烫伤的案例并不少见。其实,如果能够在第一时间找到最佳处理方式,可使烫伤的后果最大程度地降低。很多人往往就是因为没有第一时间找准最正确的方法,导致烫伤的情况更为严重。那么,开水烫伤怎么处理好呢?

出现烫伤之后保持沉着冷静,第一时间用大量的冷水冲洗烫伤部位。这样一方面能够让烫伤程度最低,也可以避免将烫伤导致的水泡磨破。使用冷水冲洗的时间建议保证达到半小时以上为佳,建议水温控制在20℃左右即可。注意:一定不能够使用冰水,这样很容易冻伤烫伤部位。如果属于大面积、严重的烫伤除了一些即可性质的护理之外要马上送到医院进行治疗。

此外,还要给大家普及一下科普知识,澄清一些有关烫伤处理的误区。烫伤后不可用酱油进行浸泡,因为酱油中不但含有大量细菌而且对于烫伤部位的散热也非常不利,容易引起伤口感染。而烫伤后用牙膏涂抹也是个误区,由于皮肤

热气被牙膏涂抹后反倒往皮下扩散,最后造成更严重烫伤。因而,不管怎么样烫伤后掌握科学的救治方法还是很有必要的。

69 人工呼吸的基本技巧有哪些?

人工呼吸方法很多,有口对口吹气法、俯卧压背法、仰卧压胸法,其中以口对口吹气式人工呼吸最为方便和有效。主要是因为此法操作简便,容易掌握,且气体的交换量大,适用范围较广。接下来,就让我们一起来学习一下口对口人工呼吸法的基本操作方法:

(1)首先使病人仰卧,头部后仰,先吸出口腔咽喉部分的分泌物,以保持呼吸道通畅。

(2)急救者蹲于患者一侧,一手托起患者下颌,另一手捏住患者鼻孔,将患者口腔张开,并敷盖纱布,急救者先深吸一口气,对准患者口腔用力吹入,然后迅速抬头,并同时松开双手,听有无回声,如有则表示气道通畅。如此反复进行,每分钟14—16次,直到自主呼吸恢复。

(3)如果病人口腔有严重外伤或牙关紧闭时,可对其鼻孔吹气(必须堵住口)即为口对鼻吹气。救护人吹气力量的大小,依病人的具体情况而定。一般以吹进气后,病人的胸廓稍微隆起为最合适。口对口之间,如果有纱布,则放一块叠二层厚的纱布,或一块一层的薄手帕,但注意,不要因此影响空气出入。

70 户外出行发生骨折怎么办?

户外出行一旦发生骨折,一定要坚持"三不"原则,即"不冲洗"、"不复位"、"不上药"。首先,"不冲洗"是因为冲洗容易将污染物带入身体深部甚至骨髓,造成伤口感染,引发骨髓炎。其次,"不复位"是因为盲目复位极易造成二次损伤,或污染的骨折端回缩造成深部感染。最后,"不上药"是为了避免增加处理难度。

如果发现骨折人员,首先要使用制式夹板或就地取材如木棍、竹片、树枝、手杖、报纸等做成的夹板进行骨折固定。如果这些条件均不具备,伤者自身身体也是良好的夹板。固定的目的是避免骨折处再次受损,减轻疼痛,减少出血,易于搬运。

需要注意的是,在上夹板前,凡是和身体接触的地方要用棉花、软物垫好,避免进一步压迫,摩擦损伤。骨骼、四肢、躯干的凹凸处,一定要加够厚的棉织品软垫才能避免再度损伤。

骨折固定绑扎时应将骨折处上下两个关节同时固定,才能限制骨折处的活动。所以,夹板长度要超过骨折处上下两

个关节,只有大腿骨折时夹板的长度是从腋下至足跟,因为大腿肌肉丰厚,仅仅固定髋及膝关节,难以固定牢固。

骨折固定绑扎的顺序是应先固定骨折的近心端,再固定骨折的远心端,然后依次由上到下固定各关节处。绑扎松紧度以绑扎的带子上下能活动一厘米为宜。四肢固定要露出指(趾)尖,以便随时观察神经末梢的血液循环状况。如果指(趾)尖苍白、发凉、发麻或发紫,说明固定太紧,影响血液的正常流通,则需要重新调整绑扎的松紧度。

71 户外出行如何防止被蛇咬?

户外出行,尤其是在茂密的灌木林中,经常会发现蛇的踪迹。为了很好地避免被蛇咬伤,最好能够随手携带根拐杖,做适度的"探测"活动。严密保护脚踝位置,80%以上的咬伤部位在膝盖以下,最好是穿高帮鞋,穿长衣长裤。

蛇一般是不会主动攻击人的,除非是感觉自己遇到威胁后才会主动攻击,当然眼镜蛇除外。所以如果遇到蛇,只要它没有主动攻击你,千万不要惊扰到它,尤其是不要惊动地面,最好的方式就是选择逃离现场。更不要想尽方法灭了它,一旦动起手来,受伤的可能还是你自己。

蛇是冷血动物,也是变温动物,当气温达到18℃以上才会出来活动。所以,冬天蛇一般都是会冬眠的,到了春天气温回暖则会是蛇活动的频繁期,也是蛇伤发病的高峰期。如果到了下雨或雨后初晴时,蛇经常出洞活动。雨前、雨后、洪水过后的时间内要特别注意防蛇。

若不幸被蛇追赶,千万不能跑直线,选择绕弯或者向山坡上跑才是正确的选择,因为蛇会被绕住。但如果跑直线的话最终吃苦的一定会是你自己。如果一切的准备工作都来不及了,就赶紧脱下外套,把衣服朝它扔过去蒙避它。

72 户外出行被蛇咬怎么办?

早期结扎:被毒蛇亲吻后,应立即用柔软的绳子或乳胶管,在伤口上方超过一个关节结扎,结扎的动作要迅速,最好在咬伤后 2—5 分钟完成,此后每隔 15—20 分钟,放松 1—2 分钟,在应用有效的蛇药 30 分钟后,可去掉结扎。

冲洗伤口:结扎后,可用清水、冷开水、冷开水加食盐或肥皂水冲洗伤口,若用双氧水、1:500 高锰酸钾液冲洗更好。

刀刺排毒:在经过冲洗处理后,应用干净的利器挑破伤口,同时在伤口周围的皮肤上,挑破如米粒大小数处。或以牙痕为中心作"*"型切开。用刀时不宜刺的太深,以免伤及血管。有条件的可以将伤口浸于冷盐水中,从上而下地向伤口挤压 20 分钟左右,使毒液排出,也可以用口直接吸毒,但必须注意安全,边吸边吐,每次都用清水漱口,若口内有溃疡或

龋齿,禁止用口吸毒。

73　出行过程中扭到脚应如何处理?

外出旅行时偶尔会扭到脚,其中踝关节扭伤是所有关节扭伤中发生频率最高的,占70%左右。如何科学有效地应对踝关节扭伤是外出旅行的必备技能。其中,冷敷和热敷到底哪个更好?如何使用消炎药品等都是非常重要的问题。

首先,如果在户外发生扭伤,一定不能马上脱掉鞋子,因为鞋子会起到夹板的作用,用以保持伤势不会继续加重。在这种情况下,鞋子可以起到固定、保护的作用。最好能够让患者坐在椅子上,小腿下垂,用绷带套住小脚趾及旁边的脚趾,由患者自己向上牵拉,使踝关节背伸外翻。

其次,12小时之内一定要使用冷敷,将毛巾放到冰箱里冰冻一下,拧到半湿半干状态,敷在脚踝处。切记不能使用热敷,也不能使用局部揉搓等重手法,这样做可能会加快血液流动,加重伤情。

以上几步准备就绪之后,就是适当地涂抹扶他林软膏、云南白药喷雾等外敷药品,以缓解病痛。当然,特殊患者,还是需要卧床休息的。

第五章 紧急救治常识

 如何应对出行过程中出现擦伤流血事件?

户外出行经常磕磕碰碰,出现擦伤流血事件也是在所难免的。因此,常用的止血带、三角巾、宽布条、毛巾等材料是必备的出行物品,每次出行都必须携带。

当皮肤发生擦伤,应立即用肥皂水和清水将伤口清洗干净,防止被感染。此外,还需要纱布或干净的手帕纸轻轻吸去表面的水。待不出血时,可以将红药水涂抹于伤口处,但是过深的伤口不要包扎、覆盖,将伤口暴露在空气中,经常通风更有利于伤口的愈合。

当然,如果出血严重的话,则要区分是上肢出血,还是下肢出血。上肢出血时,止血带应扎在上臂的上 1/3 处,禁止扎在上臂中段,以免因为血液流通不畅而导致神经损伤,甚至是残疾;下肢出血时,止血带应扎在大腿上段。

需要注意的是,尽量不要在小腿及前臂上止血带,因为小腿、前臂都有两根骨头并行,无法捆扎住位于两根骨头中间较深的动脉。

75 雷雨天如何防止被雷击?

古语有云:人不行善,天打雷劈。自古以来,关于雷击就

有着各种各样的传说,其中不乏劝人向善的缘故。其实,雷电作为一种自然现象,只是因为人们防雷意识淡薄,对人体预防雷击知识掌握的甚少,才使得近年来雷击事件频频发生。为此,只有加大宣传防雷知识,才能够更好地预防雷击导致人员伤亡事件的发生。

第一,雷雨天气尽量避免外出活动。同时,不在大树底下避雨;不在空旷的野外行走、骑自行车或者奔跑;不使用金属柄雨伞或者肩扛金属物品;进入山洞避雨时,不触及洞壁岩石;不在高大的建筑物、广告牌、烟囱或者灯杆下避雨;不在户外使用手机等通讯设备;最重要的是要远离高压线路,以免大风天气刮落高压线,伤及行人。

第二,切断家中无线通讯信号,包括电视、电脑,不拨打电话;关紧门窗,不靠近门窗、水管、煤气等金属管道;不在卫生间内洗澡,不使用太阳能热水器;不到阳台上晾、收衣物。

第三,如果恰逢在路上行车,可把汽车在安全的位置停放下来,呆在车厢内,切勿把头或者身体的某个部位伸出窗外。如果感觉头发竖起或者皮肤有显著的震动感,要有足够的警惕意识,卧倒在地,等雷电过后进行呼救。

同时，如果发现有人遭受雷击，应立即拨打120热线，进行人工呼吸及心脏复苏按摩，等待救护车前来救援。

76 夏天意外中暑该怎么办？

夏天天气炎热，很容易中暑。如果出现轻度中暑，患者则可以采用简单的物理降温法帮助自己解暑；如果出现休克但还有意识，则应该马上给患者补充水分，让其平躺在阴凉处，并解开其上衣衣扣使体内温度散发出去；如果条件允许的话可以放几块冰块在患者身上，并马上将其送往医院进行救治。

夏季重度中暑死亡率很高，通常会高达60%－70%。一旦发生昏迷，在采用物理降温的同时，务必要赶紧将其送往医院。女性、儿童和老年人，尤其是孕妇，是中暑的高危人群，最好减少出门频率。

需要注意的是，长期以来很多人存在这样一个认识误区，认为大热天喝上一杯冰镇饮料可以清凉解暑。其实不然。在这里郑重地提醒大家：冷饮吃得过多不但不会解暑，还会使中暑症状加剧。大量冷饮进入肠胃之后，很可能会带来以下四种不良后果：一是过量饮用冰镇饮料，尤其是碳酸饮料，需要体内水分稀释，使人体更容易受暑热侵袭；二是冰镇饮料可能会引起胃肠道痉挛性收缩，导致腹痛、腹泻等；三

是过凉的食物会增加心脏负担,冲淡胃液,影响消化,引起恶心、呕吐;四是冷饮进入体内,体内温度骤降,暑热集聚体内某些部位无法散发,会使中暑几率加倍。因而,主观地认为饮用冰镇饮料可以防暑降暑的观点并不科学。

如果一定要选择饮品来降暑解暑的话,凉白开水会是不二选择。至于冷饮还是少饮为妙,尤其是对老人、小孩、孕妇和经期女性而言。

 防止晕车的小技巧有哪些?

一提到出行,不免会与坐车有关。对于不少朋友而言,坐车可谓是人生的一大难题,毕竟晕车可真不是个好受的事情。接下来,小编将为您介绍一些防晕车的小妙招,有些是本人亲身体验的,有些是朋友的意见,不一定适合于每一个人,谨希望和大家分享,大家根据自己的情况选择适合自己的方法。

(1)一定不能空着胃去坐车,那是最容易晕车的。所以坐车前要吃饭,但是不能吃太饱,不然肠胃蠕动消化,更容易产生晕车。

(2)坐车前喝加温水的醋,可以有效避免晕车。

(3)调好座位躺着睡觉,如果能够睡得着,这会比任何一种预防晕车的方法都奏效。

（4）买适合的晕车药。晕车药的时效、种类不同，所以乘车的朋友务必根据自己坐车的时间来选择适合的晕车药。

（5）不玩手机不看报纸杂志。上车尽量不玩手机，不看报纸杂志等，这些都容易导致晕车的。

（6）靠前坐靠车窗坐。这样不仅可以呼吸到新鲜的空气，还会视野开阔，减少密闭空间带来的眩晕感。

（7）风油精防晕车。觉得晕车难受的时候，可以拿风油精闻一闻或者取少量风油精在太阳穴和风池穴擦一擦，可以有效减轻晕车。

78 游泳过程中发生溺水该如何救治？

夏季到海边嬉戏或者游泳，经常会碰到有人溺水。如何快速地掌握溺水急救知识，在关键的时刻拯救他人或者家人的生命就颇为重要了。接下来，有三个我们必须要掌握的溺水救治步骤，大家一起来学习一下吧。

第一，迅速地将溺水者救上岸来。溺水致人死亡的时间往往很短，因而发现有人溺水之后，第一件事情就是以最快的速度

将其从水里救上岸，并拍打其背部，清除口鼻中的堵塞物。

第二,进行人工呼吸。对呼吸微弱或心跳刚刚停止的溺水者而言,要迅速进行人工呼吸,同时做胸外心脏按压,千万不可因为倾水而延误呼吸心跳的抢救,尤其是开始数分钟。人工呼吸最好能有两个人同时进行,这样便可以兼顾人工呼吸和胸外按摩两项工作。如果只有一个人的话,两项工作就要轮流进行,即每人工呼吸一次就要胸外按摩3到5次。并尽快与医疗急救机构联系。

第三,赶快喝杯热水茶。经现场初步抢救,若溺水者呼吸心跳已经逐渐恢复正常,可让其喝下热茶水或其它营养汤汁后静卧。仍未脱离危险的溺水者,应尽快送往医院继续进行复苏处理及预防性治疗。

79 鱼刺卡到喉咙里怎么办?

人们在吃鱼的时候,有时会碰到鱼刺卡到喉咙里的情况。因而,不少朋友对吃鱼会产生一定的心理阴影。那么,吃鱼的时候,如果鱼刺卡到喉咙里该怎么办?又有哪几种民间小妙招可以帮助我们轻松地处理此类问题呢?

方法一:喝醋,利用软化的原理,将鱼刺顺利地移开喉咙。当然,喝的时候,不要咽下去那么快,一定要让醋在喉咙里停留一会,这样让醋有足够的时间软化鱼刺。

方法二:吞咽粗粮,利用粗粮带动鱼刺进入肠胃。但是,如果感觉到鱼刺较粗硬,且在喉咙里卡得很紧,那就不要用这种方法了,那样的话只会把喉咙划伤。这种方法只是针对小鱼刺的,要根据实际情况来判断是否使用这种方法。

方法三:咳嗽或者呕吐。这种方法是反过来理论,既然下不去,就想办法弄出来。而这种方法通过用力地咳嗽或者呕吐,可把卡在喉咙里的鱼刺吐出来。虽然这种方法是最难受的,但相对于鱼刺一直卡在喉咙里来说,也就小巫见大巫了。

方法四:维生素C急救,此原理与方法亦有相似之处,也是利用维生素C的软化原理。一般是在前三种方法都不管用的情况下采用的,嘴里含1或者2片维生素C片,不用喝水,慢慢地咽下去,然后再稍微等一会,基本上鱼刺就会消除了。当然,这个前提就是家里备有维生素C片。

说到这里,喜欢吃鱼的朋友是不是再也不用有心理阴影了,以上几种方法可以帮助您快速摆脱鱼刺卡喉咙的困境和尴尬。

第六章　紧急避险

80　火灾逃生的基本方法有哪些？

做好火灾逃生的基本要求就是沉着冷静，掌握基本的逃生技巧，熟知正确的逃生路线，了解基本的逃生标识，充分利用各种现有的消防措施。相信只要方法运用得当，就能顺利逃生。

方法一：要及时发现火情，如果凭一己之力不能够扑灭，接下来第一件事情就是要迅速逃生，记住行动要快。正确的逃生办法应是在听到火灾警报或"着火啦"的喊声后，立刻穿衣，关闭电源，跑出房间，关好门后进入走道，奔向楼梯间向下层疏散。如有广播，应仔细倾听，遵循广播指引的疏散路线和注意事项。当无广播或人员指引疏散时，应选择距离近而直通楼外地面的安全通道疏散，以逃到着火建筑物之外地面最为安全。

方法二：逃生时，最好将衣服、毛巾淋水沾湿、掩住口鼻，身体以较低的姿势逃跑,因为烟雾弥漫在上空,如果直立行走很容易导致呼吸不畅,所以还是低着身子走要好很多。当然,如果住在一楼或者二楼,也大可不必走紧急通道的,沿着二楼的下水管爬下去也许会更快一些的。

方法三:如果安全疏散通道已被烟火牢牢封死,也不必惊慌,可用楼内的各种辅助安全设施,如防烟楼梯、紧急疏散通道以及消防电梯等设施,尽量向地面疏散,必要时也可使用绳索急救。当确实毫无办法逃离时,应该及时寻找临时避难场所,等待消防队员前来救助,如进入避难层、避难间、防烟室、防烟楼梯间、撤退至楼顶平台的上风处,这些都是很不错的临时庇护场所。

总之,遇有火灾发生,一定要保持沉着冷静,机智灵敏的选择逃生路线,掌握逃生知识,恰当地使用消防器材和消防通道。

81 车辆落水怎么办?

车辆在行驶过程中不慎落入水中,虽然不常见,但也是有的。通常在夜晚、冰雪泥泞的路段、紧急避险或者醉酒驾车时,有时会发生车辆落水事故。

一旦发生车辆落水,切不可盲目地打开车窗门逃生,这样做不仅徒劳无益,反而会因为大水冲进车舱,又来不及逃

生而导致溺水身亡。因而,保持冷静,判断水面的方向(一般来说,有亮光的方向为水面方向)和车体、车门的受损情况是最为关键的。正确的逃生方法应该是这样的:

(1)当车辆落水时,以最快的速度判断水面的方向,一般来说,有亮度的方向为水面方向,这时迅速摇开车窗,从车窗向水面方向逃生。

(2)车刚落水时并不会立即下沉。这时车的电路还能正常工作,驾驶者应当立即把车火熄灭,然后打开车门出去。

(3)如果车体进水很快,车辆迅速下沉,在压强增大的情况下,车门已经不能正常打开。司机可以用锤子或者其他坚硬的物品将车窗砸开。建议司机平时在车内放置一些可以用来砸玻璃的器械,以备不时之需。

(4)从车内往外逃生时,做好深呼吸和憋气工作,从容地等待水将车厢和驾驶室灌满。当车里和车外水压基本相等或驾驶室里的水将要淹没头顶时再深吸一口气,破窗或推开车门潜游而出。出水后应认准轿车落水处,以便后期打捞。

82 公共汽车行驶过程中突然着火怎么办?

公共汽车行驶过程中发生火灾,驾驶员和售票员一定要特别冷静果断,首先考虑到人员疏散和报警,视着火的具体部位而确定逃生和扑救方法。切不可因为一时着急,而引起不必要的恐慌或者踩踏事件,毕竟公共汽车上的人员还是比较多的。

如果着火的部位是公共汽车的发动机,驾驶员应打开车门,引导乘客下车疏散,之后再组织扑救火灾;如果着火部位在汽车中间,驾驶员在打开车门后,乘客应从两头车门下车,然后驾驶员和乘车人员再扑救火灾、控制火势;如果车上线路被烧坏,车门开启不了,乘客可利用车内工具敲碎车窗玻璃后,从就近的窗户下车;如果火势较大将车门封住,车窗又因人多不易下去,可用衣物蒙住头从车门处冲出去。

83 汽车轮胎爆胎怎么办?

"千万别猛踩刹车"是汽车在高速公路行驶过程中发生爆胎事故的第一要义,否则将会铸成大错。

正确的应急处理方法应该是确定爆胎位置,是前轮爆胎还是后轮爆胎。如果是前轮爆胎,则要握紧方向盘,调整车头,动作要轻柔,不要慌张地反复猛打方向盘,以免汽车出现强烈侧滑甚至调头。然后慢慢减速,可以挂空挡或逐级减挡,松开油门踏板并反复轻踩刹车,将汽车缓慢停下来。如果是后轮爆胎,车会呈现不稳状态,会产生一股轻微的力量,使车子倾向爆胎的那一边。此时应该反复轻踩踏板,采用收油减挡的方式将汽车缓慢停下。

需要注意的是：无论是前胎爆裂还是后胎爆裂，都不要猛踩刹车，也不要迅速松开油门踏板。正确的方法应该是反复轻踩刹车踏板，让汽车逐渐减速直至停下。为尽量避免出现轮胎爆破现象，驾驶员一定要做到定期检查，严格遵守道路行驶规定，具体包括以下几点：

（1）不超载、不超员和不超速。汽车超载或者装载不均匀，使轮胎载重量增大，同一轴同一侧变形量增加，容易产生爆胎，特别容易发生一侧两个轮胎同时爆裂。

（2）定期检查胎压，保持胎内气压正常。要经常观察轮胎气压是否正常，当气压过低时要及时充气，并且根据轮胎使用条件选择和保持最适宜的轮胎气压。

（3）定期实施轮胎换位。为保持同一辆车上轮胎磨损均匀，车辆每行驶5000公里应做一次轮胎换位，每行驶5000～10000公里做一次四轮定位，以避免轮胎非正常过度磨损。此外，切勿在同一轴上安装不同型号或者新旧差异较大的轮胎。

（4）尽量选用无内胎轮胎或者子午线轮胎。因为这两种轮胎在使用中升温慢、散热快、质量轻、寿命长，能明显减少高速爆胎的可能性。

（5）定期检查，做好轮

胎保养工作。车主应该提高对轮胎安全性的认识,平时要多检查轮胎。特别是上高速前,一定要做好充分细致的检查,除了胎压之外,还要观察轮胎侧面是否有裂口、胎面磨损状况,发现隐患应及时排除,不能迟疑。

经验表明,轮胎爆胎并不可怕,可怕的是不知道如何正确排除险情。而上路前的准备工作是减少轮胎爆胎可能性的最佳选择。

84 烧伤的应急处理常识有哪些?

烧伤可分三级,即轻度烧伤,仅是表皮的烧伤,伤后皮肤红肿、灼痛,愈后无痕迹及色素沉着;中度烧伤,一般会伤及表皮和真皮,伤后皮肤出现水泡、红肿,创面有渗液、剧痛,愈后短期内有色素沉着或有疤痕形成;重度烧伤,是最为严重的烧伤,不仅伤及皮肤全层,甚至会伤及皮下脂肪、肌肉及骨骼等,受伤处皮肤呈焦炭状坏死,因神经烫坏无痛感,后期须植皮才能愈合。一般而言,重度烧伤病人可能出现休克、肾功能障碍及伤口发炎等情况,因而必须及时送往医院进行诊治。

烧伤发生后应立即除去火源,脱去着火的衣物、被毯等,用干净凉水冲洗受伤部位或冷水浸泡,可减轻污染及疼痛。如伴随有出血、窒息等现象,应迅速抢救。受伤部位可用干

净毛巾、衣物包扎。对烧伤面积在5%以上的中度烧伤者,则须肌肉注射破伤风抗毒素。

对轻度烧伤者而言,有必要进行皮肤的清洁和消毒。需要引起重视的是,皮肤表面的小水泡可不刺破,涂上烧伤油即可,大水泡经消毒后可用无菌针穿刺,再涂烧伤油或用烫伤膏包扎,注意换药。一般来说,轻度烧伤者经过上述处理后,3日至5日后即可愈合,故不必过于恐慌。

重度烧伤者必须马上送医院治疗,以免发生休克、感染、肾衰。

85 被电梯困住应如何自救?

最近,媒体报道儿童被电梯夹住、乘客被电梯困住的例子数不胜数,其中有不少案例都付出了惨痛的代价。如果被电梯困住应该如何自救吸引了越来越多的人的关注。接下来,小编将和您一起来学习一下电梯被困的自救常识。

(1)保持镇定,尽最大的努力安慰周边被困人员,防止不必要的恐慌。向大家说明电梯槽有防坠安全装置,会牢牢夹住电梯两旁的钢轨,安全装置也不会失灵。

(2)按下电梯内的报警按钮或者对讲求援,如果有信号也可以利用手机进行呼救。如无报警按钮、对讲按钮和通讯信号,可用手或者其他物品拍门进行呼救,当然不可过于猛烈，引起电梯震荡。

（3）如果没有专业救援人员在场，切勿自行爬出电梯。更不要尝试强行推开电梯内门，即使能打开，也未必够得着外门，想要打开外门安全脱身当然更不行，电梯外壁的油垢还可能使人滑倒。即便电梯天花板上有紧急出口，也不要爬出去。出口板一打开，安全开关就使电梯煞住不动。但如果出口板意外关上，电梯就可能突然开动令人失去平衡，在漆黑的电梯槽里，可能被电梯的缆索绊倒，或因踩到油垢而滑倒，从电梯顶上掉下去。如果这样，后果将不堪设想。

（4）在深夜或周末下午被困在商业大厦的电梯，呼救可能会面临毫无用处的境地。在这种情况下，最安全的做法是保持镇定，伺机求援，一旦听到外面有任何的动静，就要设法引起他人的注意。如果不行，就等到上班时间再拍门呼救，切勿强行打开电梯门。

86 电梯突然停止运行该怎么办？

电梯突然停止运行并不可怕，可怕的是被困在电梯里的人不知所措，甚至大呼小叫、拳打脚踢，致使电梯滑落，伤及乘客。因而，一旦电梯意外终止运行，切勿惊恐，冷静对待，积极采取应对办法才有可能化险为夷。

第一，启动电梯内的报警按钮、对讲按钮或者通过拨打

电话的方式,与外界人员联系,等待外部救援。

第二,在报警无效的情况下,可以间歇性地呼救或拍打电梯门,以保持体力等待救援。此时,最好能够屈膝靠在电梯墙壁上,调整呼吸频率,防止电梯突然滑落。

第三,不管电梯此刻停留在哪个楼层,迅速地把每个楼层的按键都按下,这样会保证紧急电源启动时,电梯可以马上停止继续下坠。

总之,不管采用何种的自救逃生手段,切记不可采取过激行为,如拳打脚踢、乱蹦乱跳。更不能强行扒门外出,以防电梯突然开动。保持冷静,选择靠近墙壁屈膝而待才是正确的选择。

87 游泳时突然抽筋该怎么办?

抽筋是肌肉遇寒冷刺激、精神过度紧张、身体过度劳累所引起的过度收缩所致。夏日游泳,由于天气炎热而水温偏低,因此很容易发生抽筋。发生肌肉抽搐时,要保持镇定,按动作要领进行解除,千万不可慌张忙乱。自己无法解除时,呼救他人援助。

抽筋最常见的是腿肚子抽筋。因腿脚离心脏远,最易受凉,且易发生过度收缩。腿肚子抽筋时,先吸一口气,仰浮水面,用抽筋对侧的手指握住抽筋的脚趾,向身体方向用力拉动,另一只手压在抽筋脚的膝盖上,帮助膝关节伸直。如一次不能解脱,可连做数次。

上臂抽筋时,紧握拳头,并尽量曲肘,再用力伸直,反复做几次。

大腿抽筋时,先吸一口气,然后仰浮水面上,弯曲抽筋的大腿和膝关节,再两手抱住小腿,用力使它贴在大腿上并加以颤动,然后用力向前伸直。

手指抽筋时,可手握拳头,再用力张开,快速交替数次后会有明显的效果。

强烈的温度反差,很容易使游泳者发生肌肉抽搐。而下水前做好准备工作,是减少肌肉抽搐的重要途径之一。

88 意外触电如何急救?

了解触电危险性的人员有很多,但是能够正确掌握触电急救的人员并不多。接下来,就让我们一起来学习一下,如何正确地掌握触电急救的一些小常识,在最短的时间内,以最快的速度救治触电人员。

触电急救必须要谨记以下要诀:使触电者迅速脱离电源,及时进行抢救,采用正确的施救方法。

第一步:使触电者迅速逃离电源。脱离电源可不是随手

就能将其拉下的,弄不好还会让自己也跟着触电了,一定要选择绝缘体将触电者拉下,使用绝缘材料将电线挑拨开来,或者直接切断电源、拉下电闸。总之,使用物品的绝缘性是关键,否则非但达不到施救的效果,反而连累了自己。

第二步:正确实施现场救护。如果是一般性的外伤,只需要用生理盐水进行清洗后包扎即可;如果伤口出现大出血,则应立即设法止血,并及时送往医院进行救治;倘若不幸出现摔伤骨折,应该先止血包扎,而后用木板固定肢体后送往医院处理。

为了避免此类事件的再次发生,还必须从根本上解决问题,要求工作人员定期检修,按时巡视,更换老旧设备,将触电危害降到最低。除此之外,定期组织安全知识讲座,提升人们的安全自救知识也是非常必要的。

89 家中电器着火如何扑灭?

如果火势较大,首先要保证人员安全,随后及时拨打119热线,请求救援。如果火势不大,可自行切断电源,再采取必要的灭火措施。一般而言,家用电器的材料都不是易燃的,旁边没其它可燃物就不必惊慌。

家用电器发生火灾,要立即切断电源,然后用二氧化碳、干粉等灭火器扑救,或用棉被捂盖将火窒息。切不可在没有切断电源的情况下,用水进行扑救,这样做非但不会灭火,反而会使火势变得越来越大,甚至可能会因为水的导电性而导致不必要的触电。以上这些都是事后补救措施,若想从根本上杜绝家电着火引发的灾难性事件,还需从根本上入手。

(1)不要超负荷用电,破旧电源线应及时更换,空调、烤箱、电热水器等大功率用电设备应使用专用线路。

(2)严禁用铜丝、铁丝、铝丝代替保险丝,要选用与电线负荷相适应的保险丝,不可随意加粗。

(3)不能用湿手拔、插电源插头,更不要用湿布擦带电的灯头、开关、插座等。

(4)不要拉着导线拔插头甚至移动家用电器,移动电器时一定要首先断开电源。

(5)要正确接地线。不要把地线接在自来水管、煤气管上,也不要接在电话线、广播线、有线电视线上。发热电器的周围不能放置易燃、易爆物品(如煤气、汽油、香蕉水等)。电器用完后应切断电源,拔下插头。

90 家中煤气泄漏中毒该怎么办？

家中液化气的使用会因为常年缺乏检修而导致煤气泄漏，煤气的主要成分是一氧化碳，它会优先和血红蛋白结合，降低血液输送氧气的能力，进而导致机体缺氧而死。

发现煤气泄漏，应及时切断电源，打开门窗通风。切记一定要切断电源，因为一旦一氧化碳碰到电火花就会发生爆燃，所以切断电源是至关重要的一步，也是处理煤气泄漏的第一步。

其次，开窗通风时务必轻开门窗，因为现在很多的门窗都是铝合金的，快速的摩擦过程中会产生火花，容易引起爆燃。因而，尽管开窗通风至关重要，但也不可轻率盲目。

再次，发现中毒者后，应尽快将其安置到通风良好、空气清新的环境中去，解开其上衣衣扣，保持呼吸畅通。必要时可对其进行人工呼吸，及时拨打120将其送往医院进行救治。

最后需要注意的是，在家中煤气异味散去之前，切勿打开任何电源开关，电话也不能够在室内接听，以免产生火花引起更大的灾难。

91 遇到地震如何逃生?

地震具有发生时间短、突发性强的特点,其破坏性强弱往往与其震源深度、震级大小、人口密集程度等有关。但不论怎样,地震总会给人造成措手不及。

在地震开始之初,不要盲目地试图逃跑,因为地震的来临速度要远大于你的逃跑速度,这样盲目地逃跑很可能会增加受伤的风险。当下,权宜之计是躲在坚固的床或桌下,切记要远离窗户,因为窗玻璃一旦被震碎很可能会伤及到你的。如何在地震中保全生命,获得求生的机会,还是需要一定的知识和技巧的,具体包括以下几点:

(1)如在室外,不要靠近楼房、树木、电线杆等可能倒塌的高大建筑物。尽可能跑到视野开阔的空地上,并躺在地上,以免地震来临时身体失去平衡被摔倒在地。倘若附近没有空地,应该暂时在门口躲避。

(2)"三角空间,求生有望"。地震来临时,要尽可能快地寻找可形成三角空间的地方,可以起到支撑的作用,防止地震来临时被掩埋。此

外,千万不要钻到柜子、箱子、地窖、隧道或地下通道等密闭

空间内,因为地震产生的碎石瓦砾会填满或堵塞出口。一旦钻进密闭空间,便会丧失主动性,不仅会错过逃生机会,也不利于被营救。

(3)保护好头部很重要。发生大地震时,任何空间内的东西都有可能被震落。这时,保护头部是极其重要的。在紧急情况下可利用身边的棉坐垫、毛毯、枕头等物盖住头部,以免被砸伤。而且,破碎的玻璃碎片很有可能划伤你,因而在避难时要尽可能地穿上厚点的衣服或者披上被子保护机体。当然,要避免穿上易着火的化纤制品。

倘若在公共场所遇到地震,人群会因为恐慌造成交通拥堵,进而找不到恰当的逃生出口。这时最需要的就是镇静,定下心来寻找出口,不要乱跑乱窜。

92 汽车刹车突然失灵该怎么办?

刹车失灵后,开启警示灯。熟悉路况并尽可能地掌握前方地形情况,控制好方向,脱开高速挡,迅速轰一脚空油,最快速度完成高速挡换入低速挡。同时,快速拉手刹,但要注意手刹不能拉紧不放,也不能拉得太慢。如果拉得太紧,容易使制动盘"抱死",很可能损坏传动机件而丧失制动能力;如果拉得太慢,会使制动盘磨损烧蚀而失去制动作用。

如果是上坡时出现刹车失灵,应适时减入中低挡,保持足够的动力驶上坡顶停车。如需半坡停车,应保持前进低挡位,拉紧手制动,随车人员及时用石块、垫木等物卡住车轮。如有后滑现象,车尾应朝向山坡或安全一面,并打开大灯和紧急信号灯,引起前后车辆的注意。

如果是下坡刹车失灵,在很小几率控制的情况下,不能利用车辆本身的机构控制车速时,驾驶员应果断地利用天然障碍物,如路旁的岩石、大树等,给汽车造成阻力。如果一时找不到合适的地形、物体可以利用,紧急情况下可将车身的一侧向山边靠拢,以摩擦来增加阻力,逐渐地降低车速。当然,如果运气好,碰上避险坡道,就直接开上去。

车辆在下长坡、陡坡时不管有无情况都应该踩一下刹车。既可以检验刹车性能,也可以在发现刹车失灵时赢得控制车速的时间,也称为预见性刹车。

93 航空事故的逃生法则有哪些?

近年来,空难事故频繁发生,现有之前的 MH370 失联,再有后来的 QZ8501 客机失联,空难事故的频繁发生越来越多地引起了人们对旅行安全的重视。在这里,小编和大家一起来整理一下,有关航空事故中如何自救逃生原则和技巧:

(1)乘坐飞机之前一定要认真阅读有关乘坐飞机的安全知识手册,违禁物品一定不能携带,不喝酒、不抽烟等这些基本的礼仪常识必须要具备。

（2）登机后，认真观察熟悉飞机上的有关配置和标语，了解基本的逃生通道和技巧，听、阅有关航空安全知识，有不清楚的地方要及时请教乘务人员。此外，飞机在起飞、着陆时必须系好安全带，飞行途中应按要求系好安全带。

（3）如遇空中减压，应立即戴上氧气面罩。飞机紧急着陆和迫降时，应保持正确的姿势：弯腰、双手在膝盖下握住、头放在膝盖上、两脚前伸紧贴地板。

（4）了解飞机失事前的预兆：机身颠簸，飞机急剧下降，机舱内出现烟雾，机身外出现黑烟、发动机关闭，一直伴随的飞机轰鸣声消失，在高空飞行时发出一声巨响，舱内尘土飞扬，等等。

（5）舱内出现烟雾时，一定要把头弯到尽可能低的位置，屏住呼吸，用饮料浇湿毛巾或手帕捂住口、鼻后再呼吸，弯腰或爬行到出口处。

（6）若飞机在海洋上空失事，要立即穿上救生衣，服从工作人员的引导，沿着逃生通道依次逃离。如果飞机撞地，在听到轰响的瞬间，要迅速解开安全带，朝着外面有亮光的裂口全力逃跑。

总之，飞机因故紧急着陆和迫降时，在机上人员与设备

第六章　紧急避险

基本完好的情况下,要听从工作人员指挥,迅速而有秩序地由紧急出口滑落地面。

 94　飞机失事坠落时该如何应对?

生活中我们往往会处在各种意外当中,假如能够正确处理,很可能就会化险为夷,反之则可能会死于非命。那么,在飞机失事坠落时,个人又应该如何正确处理才能够转危为安呢?那么,那些在飞机失事中丧命的乘客,又是因为怎样的原因而意外丧命的呢?

在这里,首先需要提醒大家的是,那些在找不到紧急出口而盲目逃窜,又不注意聆听空中小姐安全逃生要求或指挥的乘客,是最容易丧失生命的。

假如乘客能够采取一些正确的措施,必定能够大大提高飞机坠落时的生存几率。因而,当所乘飞机发生失事坠落时,我们应该这样做:

(1)认真倾听机舱工作人员有关安全逃生的解说,在第一时间弄清楚紧急出口所在位置。相信航空公司的空勤人员都是训练有素值得信赖的,作为乘客,我们必须听从他们

的指挥,遵守他们提出的每项要求,保持镇定与秩序,跟随他们走出机舱,脱离危险。

(2)登陆机舱后,一定要明确自己所在位置,并熟知自己所在座位离最近紧急出口的距离。假如此后机舱充满浓烟,我们即使看不见,也能够大约估计到紧急出口所在位置。

(3)在飞机坠落地面之前应该一直系好安全带,并将头埋在两腿之间,胳膊环抱着膝盖。眼镜、尖锐的金属物等从身上取下。在坠落过程中,安全带能够防止我们由于惯性在机舱内被抛来抛去。将安全带系得低一些,紧贴着臀部,不要围住腹部。否则,当我们因惯性突然晃动时,紧勒腹部的安全带可能会导致腹内脏器损伤。

接下来,便是紧跟机舱工作人员离开飞机。通常情况下,乘客可利用90秒钟时间安全疏散撤离,脱险逃生。在逃生过程中,乘客要将身体尽量放低高度,以减少烟雾的吸入量。此外,切忌慌乱逃窜,以免引起不必要的踩踏。

95 外出旅行遇到台风天气该如何应对?

台风是我国沿海地区,特别是广东、福建、浙江、江苏、上海等地经常出现的一种自然灾害,其发生有明显的季节性。台风来临时不但有强大的风暴,还夹带暴雨,范围可达1000多平方公里。

第六章 紧急避险

夏季外出旅行时,一定要多听天气预报,尽量躲开台风行进路线。一般而言,气象台都会在台风来临前的24小时之内发布预告。

预防台风的先决条件是预先获知台风警报,在台风来临前就充分准备应对之策。如果恰巧自己逗留在台风经过的地区,应尽量不要外出,外出最好携带好雨衣而不是雨伞,因为台风来临时风力强劲,伞是撑不住的。如果恰巧正在户外时遇到台风,最好的办法就是逃跑,找个地方躲避起来。

台风带来的风雨往往会持续一个夜晚,个体在台风面前往往显得过于脆弱。在紧要关头,建议大家能够到人口聚集区停留,以获得他人的帮助。除此之外,台风往往还会引发道路泥泞、山体滑坡、树木折断、洪水泛滥等灾难性后果,不是个人能抗拒的。

防风、防雨、御寒均是防台风保身的基本原则。若必须继续前进时,也要弯下身体且不可贸然淋雨,受潮的衣服会夺走体温,造成体力失衡。遇强风时,尽量趴在地面往林木丛生处逃生,不可躲在枯树下。

在这里建议广大朋友,外出旅行一定要时刻关注天气变化,事先做好防范措施。如遇有台风,则尽量不要出门,不到海边,关好门窗,直至台风离开。

96 异物入耳如何进行救治？

异物塞进外耳道，分非生物性异物和动物性异物两种。前者的发生以小孩居多，小孩喜欢的玩具、豆类、小石、纸片等入外耳道内；后者是小昆虫爬入或扑进外耳道。

（1）如果是小虫入耳，可以用电灯接近耳边照射外耳道，将小虫引出来，因为大多数的小昆虫还是趋光的，用手电筒照射，小昆虫会自己朝着光源的方向爬出来。

（2）顺着耳道滴入1-2滴香油或者橄榄油，能够将小虫杀死，防止小虫啃噬耳膜。片刻后，用纸巾擦干耳道中的油渍，将头部倾斜至一边，这样被杀死的小虫就可以倒出来了。

（3）如果是玩具、豆类、沙子、纸片等物体塞进耳中，用单脚顿跳几次，也可能让塞入的物件跳出来。

（4）如果是洗头或者洗澡时，清水注入耳内，应顺着头部单脚地跳几下，或者用棉签、卫生纸轻轻探入耳中，将水分吸干。

如果采用上述的各种方法2-3次都未能取出耳中的异物，应及时送往医院，请求医生帮忙处理，切勿将异物留在耳中。特别是对儿童而言，更应该及早处理，以免伤害耳部。

97 如何预防拦路抢劫？

（1）在下班回家，尤其是深夜回家时，应先将身上的贵重财物放在妥善处保管，不要随身携带。

（2）夜晚外出或回家时，最好与人结伴同行，尽量不要穿越冷清、偏僻的地方。

（3）注意后面是否有可疑人跟随，如发现可疑人，应让家人出来接应。

（4）到金融机构存、取大额款项时，一定要有人护送，路上注意不要暴露现金。

（5）不要让手机等值钱物品过于显眼。

98 如何应对入室抢劫事件？

抢劫可分为室外抢劫和入室抢劫两种不同的类型，后者在法律上称之为入户抢劫。入户抢劫对受害人和社会的危害极大，所以理应重点探讨和防范。相对于室外抢劫而言，在闭塞的室内空间，逃跑的机会和概率大大降低，受伤害的几率大大增加，入室抢劫的歹徒也大都更加险恶。面对凶狠的歹徒，只有掌握恰当的应对方法，才能够化险为夷。因此，

我们在这里把讨论的重点放在如何降低入室抢劫的危险性上面:

(1)加固房门,最好能够在窗户上增加安全防护栏,防止窃贼利用节假日或者夜晚警惕性较低的空隙实施入室抢劫。

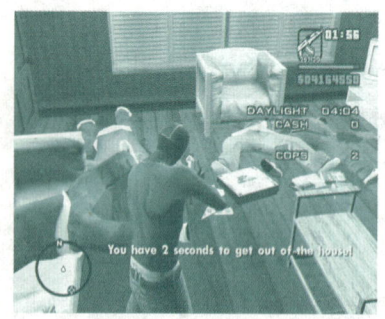

(2)随手关门,不随便开门。提高防范意识,不随便给陌生人开门,如有人敲门,一定要先通过门镜观察敲门者的身份。尤其是家里边只有老人、小孩或者女性朋友的一定要注意,再大的事情也不能随便地开门,以免受到伤害。

(3)养成查看证件的良好习惯。不要将不明底细的人随便往家里带,自己的住处、工作单位、电话号码等也不要随便告诉陌生人。如遇到社区内维修、检查、收费、送货的人员,一定要查看其证件,确定其合法身份,必要时打电话向他的单位落实情况。近来,谎称送快递实为抢劫的案例也不在少数,希望引起广大网购朋友警觉,切实提高防范意识。

需要注意的是,近年来入户抢劫的手段方法越来越高明,越来越隐蔽。如果在夜晚家中突然停电,千万不要急于开门,应当首先看看附近的楼房或者邻居家中是否停电。若只是自己家里停电,最好在家中稍等片刻,观察屋外是否有脚步声或者异常行动,确认屋外没有异常情况之后再打开房门，以防抢劫者躲藏在屋外伺机进入室内进行抢劫。

99　如何应对旅行途中的突发性肠胃炎？

旅行途中暴饮暴食、食入生冷腐馊不洁的食物，很可能会引发急性胃肠炎，主要表现为腹痛、腹泻、恶心、呕吐、发热等症状。

需要注意的是，急性胃肠炎要分情况的不同来应对。因消化不良、摄入不洁食物而引起的腹痛腹泻，要先让肠内有害的细菌通过腹泻排出体外，切勿急于服用止泻药品，这有可能干扰体内对抗感染。待排泻后，再适当地服用止泻剂或抗生素，帮助消灭细菌。另外，腹泻过后还需要喝葡萄糖水和盐水，以补充流失水分中的电解质。饮食方面，还是以清淡为主的好，如此坚持1－2天，好让肠胃有时间恢复正常。但如果剧烈腹泻不止，排泻物为水样的大便，还伴有恶心、呕吐、发烧，这种情况很有可能是感染了霍乱，就不要自行处理了，应立刻到医院就诊。

当然，腹泻还有可能是因为食物中毒而导致的。如果是这样的话，一般会出现口唇发紫、腹痛恶心、呕吐、手脚麻痹等症状。处理办法是及时给中毒者喝一些温水，用抠喉等方法人工催吐，反复几次。口服黄连素2－5片或氟哌酸1－2片，每日3次。腹痛者可服颠茄片1－2片，多饮水，最好是糖

盐水,多排尿。症状严重者,及时送医院进行急救。

100 春秋季如何避免花粉过敏?

很多人都会认为花粉过敏是小事,不会对身体产生什么恶劣的影响?事实却并非如此。这里要告诉大家的是,花粉过敏不及时治疗,长期拖延,很容易恶化成为慢性病,严重影响身体健康。既然花粉过敏有这么严重的危害,我们又该怎样避免花粉过敏,减少花粉过敏的危害呢?

第一,花粉多时关闭门窗,尤其是在阳光充足且刮风的天气里,最好把湿窗帘、门帘或湿纱网挂在门窗上,以防开窗时花粉进入室内。睡觉时应把外出时穿的外衣放在客厅或另外的房间。

第二,因时制宜,因地制宜。通常情况下,农村和城市是有区别的,早晨和晚上也是有区别的。为避免发生过敏症状,在农村早晨花粉较多时应减少外出,在城市傍晚花粉较多时也应该减少外出。

第三,保持居室空气湿润是消除花粉影响的最佳办法;外出回家后应及时洗手、洗头,减少花粉的影响。

最后,选择不易产生过敏的时间、地点休假、旅游,应该是个标本兼治的好选择。

第七章　特殊情况下的驾驶出行

101　冰雪路面如何驾驶车辆？

众所周知,下过雪的路面,被车辆碾压过之后,很快就会形成一层冰面,行人走在上面很容易被滑倒,汽车行驶速度快,如果掌握不好更容易发生侧滑。

车辆在冰雪路面上行驶,彼此间摩擦力小,车轮附着力小,容易发生横滑、侧滑或者倒滑,而且制动距离明显延长,如果快踩油门或者猛打方向盘都可能会导致车辆发生侧滑,进而酿成伤人损车的严重事故。因此,认真学习掌握冰雪路上正确驾驶是十分必要的。

在冰雪路面行车"慢、稳"是其第一要诀。切忌快速紧急制动和猛打方向盘。转弯时,应提前减速,

在条件允许的情况下,适当加大转弯半径以防侧滑。如发生侧滑,必须迅速松开制动,稳住或稍收油门,并把前轮转向侧滑方向,待侧滑消除后再驶入正常路线。如稳住一会儿后仍侧滑,应迅速慢拉手制动停车。

此外,在积雪道路上行车,因雪光反射,易使驾驶人产生视觉不适,致使识别能力变弱发生意外。所以在雪路行车过久应适当闭目休息,如久在雪路行驶,要佩戴有色眼镜。

坡面上最好不要停车,因为车辆停在半坡,地面摩擦力度比较小,如果控制不好,很容易使车辆发生滑动。而且,车辆在起步时易打滑空转,摩擦路面,使冰雪坡路越来越滑,进而导致起步困难。因此要避免在半坡上停车、换挡。爬比较大的坡时,要用低挡,一鼓作气地行车。

另外,需要提醒司机朋友的是,切不可为了省油或者省事,挂空挡滑行。起步时少加油,慢抬离合器踏板,以减低驱动轮扭矩,适应较小的附着力,防止车轮滑转。起步确实困难时,可以在驱动轮下铺垫灰砂、炉渣等物,或在轮下冰面刨槽沟提高附着力。必要时可事先在车轮上装上防滑链,以防打滑,但要左右对称,松紧适中。

102 大雾天气视线不好如何驾驶车辆?

大雾天气视距较短,能见度低,有时候还会因为雾水造成路面湿滑,制动性能降低,车辆易侧滑,因此必须保持适当的车距。防止追尾是雾天行车的第一大要素。

雾天行车的第二大要素是有关灯光的使用问题,包括雾灯、远近灯光的使用。打开防雾灯或车尾雾天信号灯以警示其他行人或车辆。如雾天汽车不开防雾灯,行人或其他车辆很难察觉到你。另外,不能开远光灯,因为远光灯光线强烈,会被雾反射到驾驶员眼中使视线模糊。

雾天行驶的第三要素是适时鸣笛,预先警告行人和车辆。听到别的车辆发出鸣笛声时,你也应该鸣笛回应,以示知道对方意思。如果发现后车与你离得太近,你可以轻点几下刹车,让刹车灯亮起来,提醒后车应注意保持适当车距。

在掌握上述技巧的同时,驾驶员还必须要严格遵守交通规则,限速行驶,严禁超车和抢行。

103 泥泞道路车辆如何行驶?

泥泞路面,致使车轮阻力增大,地面附着力减小,容易发生空转和侧滑。遇到凹凸不平路面时,车辆不仅容易底盘被托,更有甚者会使车轮深陷泥泞而不能出来。因此,在车辆行驶过程中,要尽量选择平坦、坚硬的柏油路面行驶,尽量避开泥泞的土路。若确实无法避免,必须要经过泥泞道路,那就必须练就本领,掌握几手驾驶高招了。

泥泞路面行驶尽量避免途中换挡。当车陷入泥泞路面后,大多数驾驶员是想借助踩油门来提高车速通过。其实这样更不容易通过泥泞路面。这是因为发动机的扭矩变化是一条曲线,随着转运的提高扭矩呈上升趋势,但当到了一定转速后,扭矩随着车速的提高而降低。因此,泥泞路面要中低速行驶,避免中途换挡。

一旦车辆在泥泞道路中停下,可以通过适当降低轮胎气压来通过泥泞路面,这样会使车胎变得更加扁平,车辆与地面的摩擦力加大,再慢慢踩油门,这时原本打滑的车轮才能不再空转。若是两侧车轮都在打滑,整个车辆陷在泥泞路面时,也可以用千斤顶把车辆撑起,在车轮下垫上木板石块之类的物品,再试着启动车辆。当发现有一侧轮胎在泥泞路中打滑时,可以轻拉手制动并加大油门,这是因为拉了手制动不仅会使打滑的轮胎停止空转,而且另一边的车轮因油门加大也会增加驱动力,从而驶出泥泞路。

总之,在泥泞路面行驶车辆一定需要小心、耐心和信心。现在很多朋友特别喜欢越野出游,这是对司机驾驶技术的一种考验和提升。在进行越野驾驶之前,一定要有足够心理准备和技能准备,遇到任何危险的路段,不可强行通过。如果条件许可的话,大可以另行他路。

104 雷电天气出行应注意哪些问题?

春季雷雨天气频繁,雷击事件不断增多,个人出行一定要注意防范雷击。一旦遇到雷雨天气,需要注意哪些问题?又有哪些防雷小妙招呢?下面让小编和大家一起来总结分享一下有关雷电天气出行的小妙招吧。

雷雨是空气在极端不稳定状况下,所产生的剧烈天气现象,它常挟带强风、暴雨、闪电、雷击,甚至伴随有冰雹或龙卷风出现,因此往往可造成灾害。大家尽量避免户外活动。

(1)雷雨天气出行应该注意以下几点:雷雨时,如果感到头发竖起应立即双脚合并,下蹲,向前弯曲,双手抱膝。在室内躲雨时,不应倚着建筑物或构筑物墙壁站立,宜保持一定距离。雷雨天气上下车时,不宜一脚在地、一脚在车,双脚同时离地或离车是最佳方法。不在水面或者水陆交界处作业,不骑自行车摩托车等。尽量不要出门,若必须外出,最好穿胶鞋,披雨衣,可起到对雷电的绝缘作用。闪电打雷时,不要接近一切电力设施,如高压电线、变压电器等。

(2)雷雨天气室内注意事项。了解过户外出行应该注意哪些问题之后,紧接着我们再一起熟悉一下有关雷雨天气下,室内应该如何防雷?

如果雷雨天气发生时,恰巧呆在室内,那么您几乎应该是处于安全状态的。但是,还是需要您关闭电视、电脑等无线信号源,并拔掉电源线。尽量不打手机电话,最好能够关闭手机,因电话线和手机的电磁波会引入雷电伤人。

此外,关闭门窗,也是防止球形闪电和球雷侵入非常重要的一项措施。现代房屋建筑结构,以钢筋水泥混凝土为主,坚硬的外墙结构在加以门窗的紧闭便可以有效地预防侧击雷和球雷的侵入。

需要提醒大家的是,雷击时不宜接近建筑物的裸露金属物,如水管、暖气管、煤气管等,不宜使用淋浴器。

如果是在户外驾驶车辆,那么还有一项需要提醒驾驶员的便是:雨天行车比较容易碰到路滑。马路的积水使高速行驶的车辆造成单边阻力突然增大,严重者使车辆打圈或失去控制,所以应降低车速,扶好方向盘,并留意路面积水。如果是碰到雷击天气,还是尽可能地停车,找地方躲避一下。

105 酷热天气行车应该注意哪些问题?

伴随着驾车族数量的增多,有关安全驾驶的研究也相应地增多起来。近来,有研究发现,约有40%的道路交通事故与气象条件有直接或间接的关系。其中,在气温高于23℃时,司机对紧急情况做出反应的时间,要比在低于23℃时的反应时间增加0.3秒。炎热的天气里,事故发生率要比凉爽天气时高出50%到80%。所以司机在夏季驾车要特别注意这些生理特征。

如果机动车驾驶员长时间处于闷热的环境下,身体汗液排泄会增多,进而导致体内盐分丢失。主要表现为四肢乏力、冰冷、血压下降和疲惫困乏等症状。此时,应该适当地饮用淡盐水,补充体内丢失的水分。

此外,夏季尽量不要穿拖鞋开车,不要在胸前佩戴金属挂饰,以免遇到突发情况,在紧急刹车时导致金属挂饰造成胸骨骨折。如果实在因为天气炎热,需要穿凉鞋,女性司机朋友也最好能够在车里放一双平底鞋,在开车时换上。同时,千万不要把换下来的鞋放在前座。

106 春季驾车出行容易发困怎么办?

俗话说"春困秋乏夏打盹",几乎一年365天,每天都处在朦胧混沌状态之下。这种状态对于驾驶员而言,无异于隐形的杀手,不利于安全驾驶。那么,在春季这个容易犯困的季节,有哪些方法可以有效地预防困乏,甚至达到提神的功

效呢？在此，小编在参考网络有关信息的基础上，集粹成一部"春季防困宝典"，为车友筑起金盔铁甲，防止春困入侵。

（1）既然春季容易发困，那就从源头解决这一问题，充分满足驾驶员的睡眠欲望，早睡早起，每天保证8个小时的睡眠时间。但要注意春天白天时间增长，很多人早上很早就醒了，所以为了睡得充足，要尽量早睡。正常情况下，个体每天需要7-8小时的睡眠时间。

（2）饭后半小时后再开车。因为饭后肠胃需要工作，血管将会把更多的氧气输送到消化系统处，头部自然会显得供氧不足，愈发困乏，俗称"饭醉感"。多吃富含维生素的水果和蔬菜，如橘子、杏、大白菜、苹果等。开车前最好不要大量食用牛奶、香蕉、莴笋、肥肉及含酒精类等具有催眠作用的食物。

（3）穴位按摩防犯困。按压位于虎口部位的合谷穴、位于手掌心的劳宫穴、面部的太阳穴、耳后的风池穴以及鼻唇沟的人中穴各1-2分钟，出现酸、麻、胀的感觉即可，都有抵御春困的作用。如果嫌麻烦的话，闭目养神也是很不错的选择。

（4）开车时尽量不要用吸烟、喝浓茶浓咖啡等方式来提神，特别是长途驾驶。因为这些方式只能带来一时的兴奋，而短暂的兴奋之后是持续的抑制状态。

（5）行车途中适当地打开车窗吹吹风、透透气，或者在车内摆放柠檬、薄荷味道的熏香，嗅嗅清凉油、花露水等提神物品,可在一定程度上缓解疲劳困乏。

此外,适当地用冷水刺激皮肤、仰望天空、观察绿色植物、开窗通风或者欣赏一些节奏感比较强的音乐,也都有助于消除困意。总之,春季发困是常有的现象,但并不是必然现象,只要是稍加注意,还是可以调理的。

107 夏季中暑该怎么办?

首先将病人搬到阴凉通风的地方平卧(头部不要垫高),解开衣领,同时用浸湿的冷毛巾敷在头部,并快速扇风。轻者一般经过上述处理会逐渐好转,再服一些人丹或十滴水。重者,除上述降温方法外,还可用冰块或冰棒敷其头部、腋下和大腿腹股沟处,同时用井水或凉水反复擦身、扇风进行降温。

严重者应即送医院救治。要预防中暑的发生,除了尽量避免在日照最强烈的上午10时至下午2时外出,还应该采取必要的防护措施:①保持室内通风,降低室温,室内起码要有电扇通风、降温;②高温下工作时间不宜过久,每天尽量不要超过8小时;③降低劳动强度,备好防暑降温饮料,尽量多补充淡盐开水或含盐饮料;④保证充足睡眠,多吃些营养丰富的水果和蔬菜;⑤尽量穿透气、散热的棉质衣服。

滴水:主要用于中暑引起的头痛、头晕、恶心、呕吐、胃肠

不适等。在长途旅行、高温环境下工作时,可用此药预防中暑。

108 冬季出行中感冒该如何应对?

冬季感冒通常分为两种类型,一种是风寒感冒(通常会流鼻涕),一种是风热感冒(通常不会流鼻涕)。

风寒感冒起病较急,发热,畏寒,甚至寒战,无汗,鼻塞,流清涕,咳嗽,痰稀色白,头痛,周身酸痛,食欲减退,大小便正常,舌苔薄白等。对于风寒感冒而言,通常是想办法出出汗就会好起来,比如说喝姜汤,吃大葱等。通过出汗的方式,将体内的寒气逼出,进而促使感冒痊愈是风寒感冒的主要治疗方法。

风热感冒主要表现为发烧重,但畏寒不明显,鼻子堵塞、流浊涕,咳嗽声重,或有黄痰粘稠,头痛,口渴喜饮,咽红、干、痛痒,大便干,小便黄,检查可见扁桃体红肿,咽部充血,舌苔薄黄或黄厚,舌质红,脉浮而快。

总之,在冬季出行过程

中,无论是遇到风寒感冒,还是风热感冒,都是一件遭罪痛苦的事情。那么,如何在不使用抗生素药品的前提下,有效地祛除感冒呢?接下来,就让小编为大家总结一些治疗冬季感冒的民间小偏方吧,具体包括热水泡脚、生吃大葱、盐水漱口、冷水洗脸、鼻子插葱、白酒擦身、可乐煮姜、呼吸蒸汽、热风吹面、蒜泥蜂蜜、香油拌蛋等若干方法。感冒者可以选择其中一到两种方法试验一下,看看哪一种方法更加适合自己。

109 冬季车厢内开空调应该注意哪些安全问题?

很多车主喜欢一上车就启动空调开暖风,但这种做法其实不妥。因为冬天发动机刚刚启动,水箱的温度还很低,打开空调不仅不会快速提升车内温度,反而增加了发动机的负担,耽误了发动机正常升温。急于打开空调暖风取暖,会损耗蓄电池的电能。待车辆行驶之后再开空调,则可利用发电机供电。一般来说,应该先启动发动机预热,等发动机温度指针到中间位置后,再打开暖风,同时把空气循环设置为外循环,让车内的冷空气排出车外,再等待2-3分钟后,将空气循环设置为内循环即可。

除了开启空调暖风,还可以利用发动机散热器水温提供暖气,这样不需要打开压缩机,相对使用空调的油耗要小得

多。汽车的发动机在工作时,如果汽缸中的汽油燃烧不完全,就会产生高浓度的一氧化碳。

一般情况下,行驶中的车辆,因为空气会产生对流,因而一氧化碳的浓度较低。但当车子停驶而空调继续开放时,紧闭的车窗使得车内空气不能对流,进而导致一氧化碳集聚,浓度升高,从而发生中毒,甚至死亡。

此外,有些人喜欢在停车休息或是在车上等人时,打开空调,点上一支烟,感觉似乎是清爽无比。可是,这样做不但无益,甚至有害。道理很简单,紧闭的门窗,在弥漫大量烟雾的情况下,很可能会导致人员呼吸不畅。如果恰巧碰上司机在车厢内睡着,很可能会导致司机因氧气不足而死亡。

广大的司机朋友需要知道的是,冬季长时间关着车窗开暖风,会使车内细菌得以快速繁衍,让人产生头疼、头晕、呼吸不适等症状。因此,我们使用暖风时,也不应该忘记开窗通风,保持干净清洁的车厢环境。

110 行驶途中发动机不能启动时有哪些应急措施?

行驶途中发动机突然熄火,零件无法修复且无备件更换时,可采用应急措施使摩托车顺利行驶抵达目的地,应急措施有:

(1)当火花塞旁电极折断时,将中央电极慢慢弯折至下部连缘间距 0.6mm 左右,可继续使用。

(2)当火花塞孔螺纹部分损坏打滑,可衬以薄铜皮或绕以石棉线(实在没有,也可用棉纱代替),然后旋入火花塞。

(3)化油器浮子破裂,可先放出浮子内的汽油,然后用烧红的锯条(稍冷,至暗灰色)熨烫破裂处。铜皮浮子则可采用锡焊。

(4)磁电机断电器触点弹簧折断,可临时在活动臂和弹簧固定螺钉之间装一个橡胶圈,将点火线圈低压端接至活动臂,可临时代用。但应防止折断的弹簧搭铁。

(5)电容器短路,可仔细拆开,截去击穿部分,将铝膜接好,垫好绝缘蜡纸重新卷紧,临时代用。

111 野外旅游迷路应如何自救?

野外迷路后如何自救应该是每一个经常或者不经常外出旅行的人都很关注的问题,毕竟每一个人都可能会碰到迷路的问题。暂且不说是在陌生的野外,就是在较为熟悉的城市,也可能会不知道东西南北。那么,如果是野外,尤其是在偏僻的山区或者森林,迷路后应该怎么办呢? 通讯无信号,求救无人员,怎样利用现有的工具帮助您走出迷宫? 接下来,就让我们一起来学习一下这个实用的自救技巧吧。

野外迷路的原因不外乎天气恶化、地形复杂、判断错误等几个方面。在此种情形下,最重要的是应及早发觉自己是否已经偏离正确的路线。因浓雾弥漫而迷失方向的人,应控制自己的情绪,不能有恐惧心理,阻止出现幻像,否则在盲目下狂奔,也无谓地消耗体力。

迷路一般解决的最佳要诀是:一喊二等三看四回忆。"喊"是招呼同伴,以确定他人的方位,等待大家慢慢地聚拢,也是为了得到他人的呼应和救援;"等"是等候浓雾散去,确认自己的方位再采取行动;"看"是仔细观察附近地区的路标、足迹等有用线索;"回忆"是仔细回想所走路程,察觉出错的地方。

迷路后的方向确定:利用指南针、树轮、太阳、北斗星,还有树的长势差异和苔藓来判断。

以树轮轮晕为例,较宽实的一边朝南。同样树木长势较好的一边也朝南,石头潮湿一边长着苔藓的一方是北方。迷路的路线选择和决策:一般沿着铁路、公路和河流前进。铁路和公路一般有维护站点,有人员留守。人类择水而居则是一种生存理性行为,所以在河流的中下游或较平缓地带大多有人居住。太阳从东方出,西方落,这是最基本的辨识方向的方法。还可用木棒成影法来测量,在太阳足以成影的时候,在平地上竖一根直棍(1米以上),在木棍影子的顶端放一块石头(或作其他标记),木棍的影子会随着太阳的移动而移动。30—60分钟后,再次在木棍的影子顶端放另一块石头。然后在两个石头之间划一条直线,在这条线的中间划一条与之垂直相交的直线。然后左脚踩在第一标记点上,右脚踩在第二标记点上。这时站立者的正面即是正北方,背面为正南方,右手是东方,左手为西面。

112 野外遇险被困怎么办?

野外行走总会碰到各种各样的意外事件。一旦在野外旅行过程中遇险,一定要在第一时间争得外援,及时与外界取得联系,使他人得知您目前的确切位置,以便及时救援。既然如此,与外界取得联系的方式就显得尤为重要。

众所周知,在遇到危险后,大家的第一反应是利用手中现有的通讯工具与亲属或者公安部门取得联系,请求他们的救援和帮助。然而,在很多情况下,尤其是在山区、森林等地势偏僻、海拔较高的地方,其最大的缺点就是手机无信号,没有办法使用手机进行呼救。那么,在这样一种极端的情况下,又有什么方式可以帮助您得到外界的救援呢?

SOS(Save Our Soul)是国际通用的求救信号,遇险个人可以通过各种方式发出信号,等待救援。需要知道的是,几乎

任何重复三次的行动都象征着寻求援助,就像我们所熟知的110警报、120警报和119警报那样。

例如,我们可以点燃三堆火,制造三股浓烟;发出三声响亮的口哨、枪响或三次火光闪耀。如果使用声音或灯光信号,在每组发送三次信号后,间隔1分钟时间,然后再重复。

(1)烟、火信号。燃放三堆烟、火是国际通行的求救信号。将火堆摆成三角形,间隔相同最为理想,可方便点燃。无论是在白天,抑或者是在夜晚,烟雾都是非常不错的定位器和报警器。在燃烧火堆中,最好能够添加些类似于青树叶的能够散发烟雾的材料,浓烟升空后与周围环境形成强烈对比,易引人注意。此外,绿草、树叶、苔藓和蕨类植物也都会产生浓烟,是很不错的选择材料。

(2)地对空信号。寻找一大片开阔地,设置易被空中救援人员观察发现的信号,信号的规格以每个长10米,宽3米,各信号之间间隔3米为宜。

(3)其他信号。光信号,即利用阳光和一个反射镜或玻璃、金属铂片等任何明亮的材料即可反射出信号光;旗语信号,即左右挥动表示需救援,要求先向左长划,再向右短划。

第七章 特殊情况下的驾驶出行

113 徒步旅行中遇到滑坡泥石流该怎么办？

个人外出旅行时，一定要密切关注当地气象部门发布的暴雨消息，利用电话、广播、电视等设施收听、收看当地有关部门发布的自然灾害消息。如果有关部门已发出山洪泥石流的预报或警报，应尽量避免出现在泥石流可能爆发的区域。如果已经出行，应按制定的疏散路线，迅速离开危险区，到安全点避难。

如果恰巧身陷泥石流发生区域时，不要惊慌失措。迅速爬上沟道两侧的山体，万不可沿着山体向上游或下游跑，爬得越高越好，跑得越快越好，因为泥石流流动的速度比人跑动的速度快。在居民点，迅速离开泥石流沟两侧和低洼地带，按预定路线，撤离到安全地点。

发生泥石流后，监测部门要立即报告灾情，当地有关部门应立即按防灾预案，封闭泥石流沟下游的道路，切断电源和气源，防止次生灾害发生。

因此，在这里要提醒广大的驴友们，雨季时节，穿越沟谷时，一定要仔细观察周围山体的情况，确认安全后再快速通

过。山区降雨普遍具有局部性特点,沟谷下游是晴天,沟谷的上游不一定也是晴天,"一山分四季,十里不同天"就是群众对山区气候变化无常的生动描述。因而,安全出行,一是要密切关注当地气象部门的气象预报;二是要认真观察所行走路线的地理状况。

114 公安交警是如何处理交通事故现场的?

公安交通管理部门接到报案后,会立即派人赶赴现场,抢救伤者,制作勘查材料,寻找证人,收集物证,清点现场遗留物品,消除障碍,恢复交通。

在取证过程中,各方当事人必须如实向公安机关陈述事故经过,并将驾驶证、机动车行驶证、身份证交由公安机构进行查验。公安机关应向当事人公开事故现场图、现场照片、鉴定材料。在事故未调解前,公安机关可以指定肇事车方垫付死者或伤者的安葬费、抢救费,并预交事故的处理押金。

如果交通事故当事方拒绝预付或无力预付抢救医疗费用的,公安交通管理部门可以扣留事故车辆至调解终结移送人民法院受理止。交通事故处理的调查取证、处理交通事故现场、认定交通事故责任是公安交通管理部门法定职责,处理交通事故现场是认定交通事故责任的前提和基础,认定交通事故责任是事故处理工作的核心和关键,事故处理工作的

第七章 特殊情况下的驾驶出行

各个环节相辅相成,环环相扣,其实质是一种行政执法行为,是收集交通事故证据和应用所得证据执法的具体体现。而调查取证正是贯穿于事故处理各个环节的核心工作,其结果将直接影响交通事故处理的质量和效率。

115 如何给车辆购买保险?

提到给车辆缴纳保险,我相信有车的朋友应该都不陌生。那么,关键是大家真的知道如何给车辆缴纳保险吗?品类繁多的保险中,又有哪一种保险是您应该选择的呢?在选择保险时,哪一种方式是更快捷更实惠的呢?问题很多,在这里小编就不带着大家一一去了解了,现就如何科学快速地购买车险进行一下简单的介绍。

大家在给汽车办保险时,投保方式可谓是多种多样。其中,最为传统的方式,也应该是大家最为熟悉的方式是到车险公司或者营业厅办理车险手续。当然,并不是说这种方式不好,只不过在现代科技比较发达的今天,懂得使用手机和互联网的车主完全可以选择另一种更为便捷实惠的方式为自己的爱车办理保险。

众所周知,到保险公司办理车险,保险代理人往往会从中收取一定的服务费用。在这种情况下,电话车险和网上车险作为一种新兴的车险投保方式,无论是在投保价格方面,

还是在办理速度方面,对于车主而言都应该是个很不错的选择,毕竟是又快捷又便宜嘛。

电话车险投保方式,是指车主给保险公司打个电话,然后通过电话交流,询问一些有关情况,完成车险投保全过程,保费是当保险公司的工作人员将保单送到车主手中时再进行支付。应该说这是一种比较快捷的投保方式。

网上车险投保方式,是指车主利用一台电脑就可以完成投保业务,同时还可以在线进行实时交流计算保费报价,这个保费付款也可以直接通过网银在线支付。这里需要提醒大家的是,网上投保商业险可以享受15%的价格优惠,事后也是由保险公司的工作人员将保单送到车主的手中。应该说,也算是实惠又快捷的,毕竟足不出户就可以办理好车险业务,不用排队,也不用堵车了。

因而,对于新世纪的年轻车手而言,懂得网络、会用手机是你们的优势,切不可荒废不用。毕竟快捷又实惠的投保方式,我相信你还是不会拒绝的。

116 汽车引擎起火怎么办?

汽车引擎起火的处理看似简单,却又不甚简单。要知道,急于打开车盖,可能会给原本就着火的汽车引擎提供更为充足的氧气,进而导致火势更加旺盛。那么,不打开汽车

第七章 特殊情况下的驾驶出行

引擎又能够怎么办?

据消防部门透露,清明节期间,发生汽车火灾后,不少司机不会扑救,干等着消防员救援。消防员提醒,出行前一定要检查车况,备好灭火器;行驶途  中,司机及乘客尽量不要在车上吸烟;停车后,不要把打火机、酒精等易燃易爆危险品放在挡风玻璃下,避免太阳直射造成危险。

一旦汽车自燃,要立即关闭电源,滑行到远离可燃物的路边,然后迅速取出灭火器。灭火时注意先不要将车盖全部掀开,以免空气大量进入引发爆燃。应该先将灭火器喷嘴伸入车盖内灭火,待火基本扑灭后再打开车盖喷射。如果自己不能扑灭火灾,要及时退到安全地方,至少10米开外,拨打119报警。

117 冬天怎么给发动机预热?

冬天行车之前,之所以需要对发动机进行预热,是因为冬季严寒,停放了一夜的汽车在转天使用时肯定不能瞬间平稳启动。那么,多长时间才是最佳预热时间呢?

经过一番验证后,小编根据相关资料总结出判定发动机预热时间长短的尺度,具体时间是:水温表指针刚开始动,或者启动后发念头转速表回落至怠速状态就可以行驶,耗时大约一分钟左右。建议车主启动后前2公里先低速行驶,然后再正常提速即可。

冬季给机动车发动机预热的步骤如下:打开点火钥匙到仪表灯亮后等待5-10秒钟,让油泵上油;紧接着,点火发动。冬季给发动机预热2-3分钟让水温超过40℃之后,再低速行驶2-3公里。需要注意的是,时速最好不要超过40km/h;水温正常后可以正常加速行驶。

在这里,需要提醒大家的是:热车时切勿打开暖风,主要是因为这时水温没提升之前吹的是冷风,更主要的是延长水温达到正常的时间。如果想延长汽车的使用寿命,安全绿色的驾驶车辆,遵循上述的热车方法和步骤还是非常必要的,请驾车朋友们多多注意,提高意识,形成良好的驾车习惯。

118 当事人对罚款应如何缴纳?

相信生活中,每一个车主都会碰到被贴罚单、缴纳罚款这样的事情。那么,对于初级驾驶员而言,第一次碰到缴纳罚款时,该如何缴纳呢?

根据我国道路交通安全法规的有关规定,如果车主违反

第七章 特殊情况下的驾驶出行

交通法规,有可能会需要缴纳一定的罚款,具体该如何缴纳需要注意以下几点:

第一,当事人应当自收到罚款行政处罚决定书之日起15日内,到指定的银行缴纳罚款。

第二,对行人、乘车人和非机动车驾驶人的罚款,当事人无异议的,可以当场予以收缴罚款。对行人、乘车人、非机动车驾驶人处以罚款,交通警察当场收缴的,交通警察应当在简易程序处罚决定书上注明,由被处罚人签字确认。

第三,交通警察当场收缴罚款的,应当开具省、自治区、直辖市财政部门同意制发的罚款收据,当事人有权拒绝缴纳罚款。

为了更好地规范交通处罚行为,乘车人或者非机动车驾驶人在接受罚款时,尤其是针对简易程序处罚时,一定要索要罚款凭据。

119 机动车在哪几种情况下不得掉头或者倒车?

(1)在有禁止掉头或者禁止左转弯标志、标线的地点以及在铁路道口人行横道、桥梁、急弯、坡路、隧道或者容易发生危险的路段,不得掉头;

（2）机动车在没有禁止掉头或者禁止左转弯标志、标线的地点可以掉头,但不得妨碍正常行驶的其他车辆和行人通行;

（3）机动车倒车时,应当查明车后的情况,确认安全后倒车,不得在铁路道口、交叉路口、单行路、桥梁、急弯、陡坡或者隧道中倒车。

第八章　交通出行一点通

120　网络订票的步骤是什么？

火车票网上订票官网就是在铁道部的官方客服中心12306网站,实名注册后,登陆12306官方网站,订购火车票。

step1:通过任何一个搜索工具,搜索12306网站(铁路局唯一官网),注册自己的账号,登录账号进入"车票预订"界面。

step2:输入出发地、目的地,选择出发日期,点击"查询";接下来,将会在有关列表中显示相关车次及时间,选择想要乘坐的车次点击"预订"。

step3:进入预订环节,选择席别类型及票种类型,输入姓名、身份证号码、手机号,输入提交订单验证码,点击"提交订单";跳出确认对话框,查看是否与你要的信息一致,一致的话,点击"确定",否则,点击"取消",重新回到步骤4去修改信息。

step4：选择"网上支付"，选择银行，进入网银系统进行付款，付款完成后，就完成了订票。需要注意的是，乘客必须在30分钟内，完成网上支付，否则会取消预订的座位。

step5：付款成功后，在开车前都可以取票，可以在火车站售票窗口、自动售票机、代售点取票，但是代售点需要付手续费。如果是异地票的话，可以在全国火车站售票窗口、自动售票机、代售点取票，但是火车站售票窗口、代售点需要付手续费。

最后，建议大家尽量在开车前2小时到火车站取票，以免因为排队而耽误行程，最好在自动售票机上取票，不用付手续费。

121 如何科学地更换车次？

伴随着人们生活节奏的加快和日常事务的增多，常常会通过电话或者网络的方式提前订购火车票。然而，也正是在这种便利的同时，人们也可能会因为种种原因，而改签火车票。对于那些不经常乘坐火车的乘客来说，更换火车票无疑是一件麻烦的事情，甚至还会是一件伤财的事情，毕竟退票也是要扣除费用的。那么，现实生活中，有没有什么好的办法可以帮助我们经济快捷地更换火车票呢？

接下来，就跟着我们的资深订票、改票专家一起来了解一下,更换火车票的一些小常识和小技巧。懂了这些,不仅可以帮助您节省大量的时间,同时还可以为您节省一笔手续费用呢。

(1)如果打算退改车票,一定要掌握好改签车票的最佳时间,开车前48小时(不含)以上,可改签预售期内的其他列车车票。

(2)如果是在开车前48小时以内改签,可改签开车前的其他列车,也可改签开车后至票面日期当日24:00之间的其他列车,不办理票面日期次日及以后的改签。

需要注意的是,开车前可改签或退票,每张车票只能改签1次,如果改签的结果您还不满意的话,就只能够退票了,退票是要收取一定的手续费的。如果是在窗口购买的,应当在票面指定的开车时间前到车站办理一次提前或推迟乘车签证手续。

此外,火车票改签,需要带上电话订票时用的身份证原件和订票单号。如果需批量改签,则需要注意同一订单中相同日期、车次、发站、到站、席别的车票方可批量改签;改签后的新票票价如果高于原票需补收票价差额时,并且需要使用购票时所使用的银行卡或具备网上银行功能的其他银行卡支付新票全额票款,原票款按发卡银行规定退回原银行卡;同样,如果退票或改签后新票票价低于原票的,应退票款按发卡银行规定退回购票时所使用的银行卡;改签后的新票票价等于原票的,无需办理支付手续。

无论是通过窗口购票的,还是通过电话网络购票的乘客,需要注意和了解的是,任何车票的改签只能够办理一次,已经改签的车票不能够再次改签。

122 退票需要掌握哪些小技巧或者小知识?

办理火车票退票手续,有很多隐秘的小技巧和小常识,熟知并掌握这些退票小技巧,能够帮助你冷静对待退票这件本身就陌生而又复杂的事情,同时也可以节约时间,简化办理手续。

(1)火车票退票时间:通常是在发站开车前;特殊情况下,也可在开车后2小时内。

(2)火车票退票地点:旅客想要退票时,如果已经取得纸质版火车票,则需要携带有效证件和车票到火车站窗口或者任意一个代理点,在火车开动时间之前,办理退票手续;如果已经通过网络或者银联的方式付款,但尚未取得纸质版火车票时,也可以通过网络或者电话的方式要求退票,这样也就免去了到火车站售卖点或者火车站进行退票的麻烦。

(3)改签后还能办理退票吗?

一张车票只能办理一次改签手续,一旦车票改签成功后,乘客想要取消旅行,可以按规定退票。根据规定,旅客不能按票面指定的乘车站、日期、车次乘车时,应当在票面指定的开车时间前到车站办理一次提前或推迟乘车签证手续。特殊情况经购票地车站或票面乘车站站长同意的,可在开车后2小时内办理。不过,如果享受"特殊改签"的待遇,就不能再办理退票手续了。

总之,改签和退票的手续和流程其实并不复杂,只要掌握其基本的规律,乘客也没有必要因为改签或者退票而感到烦恼或者郁闷。不管怎么样,如果您并不确定乘车的具体日程,掌握退票的最佳时机和选择正确的购票方式,不过早地提取纸质版火车票应该是最为明智的选择。

123 乘坐飞机时哪些物品是不能够携带的?

根据民航局的有关规定,小编现将不能够携带上飞机的一些物品进行了简单的罗列和梳理,供广大的乘客朋友进行参考查阅,以防不知情的乘客,因为检查违禁物品,而导致飞机的晚点或者延误。禁止旅客随身携带或者托运的物品主要包括以下几种类型:

(1)枪支、军用或警用械具类(含主要零部件),包括:军用枪、公务用枪、民用枪、其他枪支、军械、警械以及国家禁止的枪支、械具等。

(2)弹药、爆破器材、烟火制品等爆炸物品。

(3)管制刀具,包括匕首,三棱刀(包括机械加工用的三

棱刮刀)、带有自锁装置的刀具和形似匕首但长度超过匕首的单刃刀、双刃刀以及其他类似的单刃、双刃、三棱尖刀等。少数民族由于生活习惯需要佩戴、使用的藏刀、腰刀、靴刀等均属于管制刀具,只准在民族自治地方销售、使用,不得携带乘坐飞机。

(4)易燃、易爆物品、毒害物品、腐蚀性物品以及其他若干危害危及安全的物品。

124 出行过程中钱包被盗后该怎么办?

外出旅行过程中,无论是在乘坐公交车,还是在逛商场,抑或者是在喝茶聊天,都可能会丢失钱包。随着金融业的繁荣和人们生活水平的提高,钱包的功能也得到了延伸。钱包往往不再是简单的装钱的工具,更延伸为容纳银行卡、会员卡,乃至身份证的万能宝盒。这样一来,一旦钱包丢失,对于失主而言,不论如何也会是一个很大的损失,甚至会暴露个人信息,危害个人银行账户安全。

因而,无论你携带的是现金、信用卡或是支票,钱包一旦被盗或者丢失,首先应当做的是向当地公安局报案,挂失有效证件;其次,是向有关的银行金融机构拨打电话,办理银行卡挂失手续。

所以说,外出旅游时,如何更好地保管钱包,将现金、银行卡和身份证分开携带、办理一张旅游卡应该是一个很不错的选择。暂且不说它的实际功能有多大,至少可以帮助我们有效地规避风险。

在现实生活中,如果您按照上述方法做了,会有很大帮助的。比如说,如果你携带的现金被偷,您可以使用银行卡进行取现;如果您的身份证丢失了,您也可以进行身份证的挂失;但如果您的银行卡、现金和身份证同时丢失,那么您的经济来源将会被切断。除此之外,身份证和银行卡同时存在,如果碰到胆大的,会手持您的银行卡到银行取现,那时候可就真的是损失惨重了。

总之,在去旅游之前,整理好自己的随身物品,熟悉相关的保险政策,沉着冷静地应对各种突发情况,可以帮助您将损失降到最小。

125 身份证丢了怎么办?

身份证丢了怎么办?不少朋友都会非常自信地回答"补办"。其实,这种想法和做法本身就是错误的。身份证丢失后,第一时间想到的应该是报案,必要时应保留电话录音,以证明身份证已经丢失。其目的是为了预防坏人利用您的身份证进行不法操作,而这个报案电话将为您提供了强有力的不在场证据,从而帮助您有效地规避风险。

这样做的原因是,目前我国公安机关没有要求专门办理身份证挂失,而且挂失后的身份证仍然可以继续使用,一旦造成损害结果还是需要自己来承担的。但是,有可查的报案记录将会为您规避许多不必要的麻烦。

公安部表示,根据《居民身份证法》的有关规定,公民丢失居民身份证后应当向常住户口所在地派出所申报丢失补领,并办理登报手续。如果居民身份证确实丢失被他人冒用,冒用者及相关部门应承担相应的法律责任,丢失证件者无需对自己未实施的行为承担责任。

身份证补办地点是户口所在地派出所,当然必须是本人携带户口本进行办理,而且可能还会需要进行指纹录入。所以,由父母或者其他亲属代为办理是不可能的,而必须本人亲自办理。补办后,不能够当场拿到补办的身份证,但可以选择加急办理,通常会在一个月左右办理完毕,并邮寄到您所在的单位或者住所。

当然,不管怎么样身份证的挂失和补办手续都是非常复杂的,因而广大的朋友还是注意妥善保管,也避免了给自己增添额外的负担。

126 手机丢了,如何降低泄密风险?

都说现在科技发达了,手机丢失了也不用害怕,只要开启追踪软件远程锁定即可。确实,现在市场上有很多手机防盗追踪方法,如苹果手机被盗,可在另一个苹果终端上登陆自己的 Apple 账号,被盗手机只要链接互联网,就能远程锁定这部手机,并清除其中的数据。安卓手机也可以实现这一功能。

可是,话虽这么说。但如果对方一直不上网怎么办,还有办法进行远程操控吗? 好像是不能。那如果是这样的话,第一时间就要办理手机号挂失补办手续,这样被偷手机里的手机卡就作废了,进而不会给自己的隐私和财务带来损失。之后,登录支付宝、网银账号时,动态验证码都会发送到补办的新卡中,而不会导致您的财产的二次损失。

需要引起警惕的是,以上两种方法重在补救,而非预防,可谓是"治标不治本"。如果想彻底根除隐患,我想我们还是应该

从平时的细节入手,尽量防止手机被盗、设置手机保护才是。例如,习惯性地设置手机密保,包括开机密码、短信密码、拨打电话密码、相册密码等,这样会降低资料泄露风险。同时,还应该养成手机资料备份的良好习惯,以备随时找回需要的手机资料。

另外还有一项非常重要的举措,就是养成不定期清除手机缓存和浏览记录、浏览痕迹,全面降低手机资料泄露的风

险。

127 如何订购特价车票?

航空公司通常会在每年的每个季节或者时间,不定时地推出一系列的特价机票,这也为很多的学生党、旅游族提供了方便。以一张从青岛飞往哈尔滨的航班而言,如果是在打折期间,几乎要便宜400多元钱呢。这笔虽为数不多的钱数,对于学生或者普通的打工群体而言,也算是一笔很大的优惠了吧。因而,熟悉各航空公司的优惠政策和优惠时段,对旅行族和学生党而言,还是很有必要的。接下来,我们就一起来了解一下有关特价机票的一些知识吧。

通常情况下,各国航空公司都会将机票划分正式票、优待票和特价票三种类型。当然,也有按旅行线路划分的,将其划分为单程票、往返票、环行票、分支旅行票等。其中,特价票是指旅客购买航空公司特殊优惠票价,不允许签转,有很多限制条件,有效期各异,但较便宜的机票。准确地说低于全价票4折的机票,都可以称为特价机票。

特价票与正票有很多差别。正价票的有效期为一年有效允许签转、退票。但如果该乘客购买的是特价票,就会有很多限制条件,如有效期较短、不允许签转到其他航空公司、不允许更改回程日期、不允许退票或是退票要承受很大的经济损失。同时，特价票是不包括机场建设费和燃油费的。

此外，两者之间的另外一个差别是在里程积累上：（通过里程积累可以换取免费机票）正价票的里程积累是按实际飞行里程的100%来积累，特价票不能积累或按30%－50%来积累。

需要注意的是，特价机票并不是想什么时候买就能够买到的。通常情况下，航空公司会提前公布特价机票的时间和票价，乘客如果对出行日期没有太大要求的话，倒是可以等待，以适应航空公司的订票规则。而要想购买特价机票，最好能够时刻关注网络信息，这样就可尽早发现特价机票并及时抢购。

总的来说，购买特价机票还是蛮实惠的，不过也确实在签转、退票等方面有若干限制，所以选择特价机票的乘客还是要注意根据自己的行程来选择。

128 怎样旅游更省钱？

当下，随着社会经济、生活水平的不断提高，外出旅游已经成为人们日常生活的一部分，人们通过旅游来达到放松休闲的目的。但外出旅游离不开消费，"吃、住、行、游、购、娱"，简单的六个字，都是在消费、都是在花钱。那么，如何旅游才能更省钱呢？

(1)选择淡季出行。选择淡季旅游出行,门票价格、机票价格或者说是跟团价格都会便宜一些,而且车也不堵,人也不挤,是个比较不错的选择。如果选择的目的地准确合适,仅食宿这两项,淡季旅游比旺季在费用上起码要少支出30%以上。

(2)提前购票。现在一些航空公司为了招揽客人已作出提前预订机票可享受优惠的政策规定,而且预订的时间越长,优惠就会越大。与此同时,也会有购买往返票的特殊优惠政策的。除了飞机票外,在预订火车票、汽车票上也有各种的优惠政策。不过这就需要提前规划好自己的路程。

(3)恰当选择入住酒店。出外旅行,住的旅馆好坏将影响旅游质量,也影响到费用的支出。那么如何才能住得好,又便宜呢?在选择旅馆位置时,尽量避开火车站、汽车站附近的旅馆,不仅卫生状况差,而且价格昂贵。最好能够选择一些交通便利,地段不是很繁华的旅馆。因为,这些地段的旅馆不仅客流量小,还会存在价格上的折扣或者优惠。

同时,住房时要问清楚早餐、市话费是否包含在内。如果包含在内,就用房间座机拨打电话。如果不包含在内,就不要用房间的电话打,因为一般都比外面最贵的还贵。现在,像青年旅馆、校园周边旅馆等都是不错的选择,一般环境和交通都令人满意。

此外,需要提醒大家的是,跟团旅游一定要保持理性购物,适度消费。一般情况下,购物会是旅行过程中一笔不小的开支,所以还真的要理性对待的。当然,到外地旅游也有必要采购一些物品,一是馈赠亲朋好友,二是留作纪念。那么购什么好呢?一般只是购买一些本地产的且价格优于自己所在地的物品,这些物品既价格便宜,又有特色。

129 交通伤亡事故损害赔偿包含哪些项目?

伤亡事故损害赔偿项目依据就医治疗支出的各项费用以及因误工减少的收入包括:①医疗费;②误工费;③护理费;④交通费;⑤住宿费;⑥住院伙食补助费;⑦必要的营养费。

因伤致残的,其因增加生活上需要所支出的必要费用以及因丧失劳动能力导致的收入损失包括:①残疾赔偿金;②残疾辅助器具费;③被扶养人生活费;④因康复护理继续治疗实际发生的必要的康复费、护理费、后续治疗费。

当事人死亡的,赔偿义务人除应当根据抢救治疗情况赔偿本"项目"第一项规定的相关费用外,还应当赔偿:①丧葬费;②被扶养人生活费;③死亡补偿费;④受害人亲属办理丧葬事宜支出的交通费、住宿费和误工损失;⑤受害人或死者近亲属的精神损害抚慰金。

对交通事故损害赔偿的争议,当事人向人民法院提起民事诉讼的,公安机关交通管理部门不再受理调解申请。公安

机关交通管理部门调解期间,当事人向人民法院提起民事诉讼的,调解终止。

130 旅游出行需要购买出行意外险吗?

外出旅行,可能遇到的意外风险是较多的,此时适当地给自己增加一份旅游险保障,是非常合适的。一般情况下,适合保障外出旅游的保险产品主要有境外旅游险、境内旅游险等产品。至于如何进行选择,这是需要根据您的出行情况来决定的。

若希望您的出行更有保障,适合您的旅游保险,建议您可以根据实际的出行情况,适当地挑选一份合适的旅游意外险,应该是最切实际的保障了。那么,购买旅游意外险需要注意哪些问题呢?

(1)旅游责任险不等同于旅游意外险。大部分人旅游都是跟团出游的,一般旅行社都有投保旅游责任险,而旅游责任险是不承保游客的意外的。所以,外出旅游应给自己和家人购买一份旅游意外险。

(2)境外旅游保险保额并非越高越好。很多人觉得出国旅游就应该买高额的保险保额费,其实这样的想法是不对的,一般出国旅游,如果行程较短,医疗险的保额在10万元左右即可。

(3)投保期限应与出行时间相配。如果旅游行程发生变更,旅客应调整所选保险的保障期限;如果出现旅程延误或是取消,旅客应该及时向航空公司索取航班更改的书面证明以及其他相关资料,以便日后向保险公司索赔。

(4)意外险是旅游投保基石。旅游期间出现意外的风险较平时高很多,需要保障的内容也有其特别之处,所以保险公司针对这一特点推出了很多短期型险种,消费者购买比较方便。

(5)飞机误点保险可以赔。因航班延误而造成的理赔,在旅游险中所占的比例较高。一般由于恶劣天气、机械故障导致航班延误,每5小时可获得300元赔偿。

(6)拥有自己的SOS专线。单独出行或者喜欢自助探险的旅客,大多希望在遭遇困难时获得适时帮助,而不只是事后冷冰冰的经济赔偿。现在很多旅行险都有旅游支援服务,投保人在事故发生时,拨打指定电话即可在短时间内获得救助服务。

图书在版编目(CIP)数据

交通出行/《交通出行》编委会编.—北京：中国书籍出版社，2015.6
ISBN 978-7-5068-4984-5

Ⅰ.①交… Ⅱ.①交… Ⅲ.①交通安全教育 Ⅳ.①X951

中国版本图书馆CIP数据核字(2015)第138167号

交通出行

本书编委会 编

责任编辑	年丽莎
责任印制	孙马飞　马　芝
封面设计	管佩霖
出版发行	中国书籍出版社
地　　址	北京市丰台区三路居路97号(邮编：100073)
电　　话	(010)52257143(总编室)　(010)52257153(发行部)
电子邮箱	chinabp@vip.sina.com
经　　销	全国新华书店
印　　刷	青岛新华印刷有限公司
开　　本	787毫米×1092毫米　1/32
字　　数	108千字
印　　张	5.625
版　　次	2016年1月第1版　2016年1月第1次印刷
书　　号	ISBN 978-7-5068-4984-5
定　　价	18.00元

版权所有　翻印必究